全国烹饪鲁班工坊系列教材

烹饪基础知识

（第2版）

主　编　何艳军　苏慧双
副主编　邝　晴　蒋洪丽
参　编　谢光文　蒋　君
主　审　郭志鹏

中国商业出版社

图书在版编目(CIP)数据

烹饪基础知识 / 何艳军，苏慧双主编. -- 2 版.
北京 ：中国商业出版社，2024. 8. -- ISBN 978 - 7 - 5208 - 3020 - 1

Ⅰ. TS972.11

中国国家版本馆 CIP 数据核字第 2024RQ6535 号

责任编辑:李　飞
（策划编辑:蔡　凯）

中国商业出版社出版发行
（www.zgsycb.com　100053　北京广安门内报国寺 1 号）
总编室:010－63180647　编辑室:010－83114579
发行部:010－83120835/8286
新华书店经销
北京荣泰印刷有限公司印刷

*

787 毫米×1092 毫米　16 开　12.75 印张　260 千字
2024 年 8 月第 2 版　2024 年 8 月第 1 次印刷
定价:58.00 **元**

*　*　*　*

（如有印装质量问题可更换）

前 言

《烹饪基础知识》于2004年出版，该书为广大餐饮、烹饪从业人员及烹饪爱好者提供了很好的学习参考价值。“民以食为天”，随着时代的发展，原书内容已经远远不能适应新时代的教学需求。为全面贯彻新时代党的教育方针，落实立德树人根本任务，坚持为党育人、为国育才、强化教材育人理念、以培养学生的创新精神和实践能力为重点。我们组织有关烹饪教师对《烹饪基础知识》(第1版)进行修订。本次修订，按照新课程标准、参考全国职业技能大赛大纲，充实和更新了一些与现代烹饪、餐饮业发展需求的新知识、新内容，更方便广大烹饪、餐饮爱好者学习使用。

全书对中餐烹饪饮食原料选用、制作加工方法、营养特点进行综合性的介绍，同时又对西式菜点的特点、制作方法、烹饪原料知识进行了系统介绍，最后又介绍传统的筵席知识。

本书由广西商业技师学院何艳军、苏慧双任主编，邝晴、蒋洪丽任副主编，谢光文、蒋君参加本书编写工作，郭志鹏主审。

本书在编写过程中，参阅大量的专著、烹饪资料。对此，编者深表谢意。

目　录

第一章　中国烹饪概述

第二章　烹饪原料知识

第三章　烹饪原料成型与配菜

第四章　热菜烹调方法

第五章　冷菜烹调方法

第六章　菜肴盛装知识

第七章　中国烹饪主要菜系

第八章　面点基础知识

第九章　筵席知识

第十章　西餐知识

第一章 中国烹饪概述

【学习目标】

了解中国烹饪的起源和发展；

明确烹饪的基本概念、基本内容、社会作用；

掌握中国烹饪的基本特点和烹饪工艺流程。

【内容提要】

◇重点概念：烹饪、烹调。

◇烹饪基本内容：菜肴、主食、小吃和点心。

◇烹饪社会作用。

◇中国烹饪是科学、是文化、是艺术。

◇烹饪起源和发展。

◇烹饪源于火和盐的运用。

◇烹饪发展阶段：萌芽、形成、发展、繁荣、当代烹饪。

◇中国烹饪八大特点。

◇烹饪工艺流程。

◇菜肴工艺、面点工艺。

◇案例分析："新派菊花鱼"为何得低分。

中国饮食文化是中华民族文化宝库中一颗璀灿的明珠，中国烹饪在国际享有盛誉，与法国、土耳其烹饪并称为世界烹饪的三大风味体系。中国烹饪植根于960万平方公里华夏大地，融汇了56个民族的聪明才智，历史悠久、源远流长，许多精湛的技艺和名菜点流传世界各地，为促进全人类的饮食文明发展作出了卓越的贡献。

第一节　烹饪的概述

一、烹饪的基本概念

烹饪的"烹"指煮，"饪"指制熟，狭义上指加热食物使之成熟，一般特指制作菜肴和饭食。从广义上来说，烹饪是人类为满足生理和心理需求，将可食性的物质原料，运用适当方法加工成菜肴、主食和小吃成品的活动。

烹饪一词始见于《周易》，书中称"以木巽火，亨饪也"。巽指风，亨通烹，饪言熟，此语被人们理解为点燃鼎下的柴草，在空气的帮助下不断燃烧，把鼎中的食物加热成熟。烹调一词大约始于宋代，陆游在《种菜》诗中写道："菜把青青间药苗，豉香盐白自烹调。"烹饪和烹调词义相近但有区别，被人们混用了很长时间，随着烹饪实践和理论研究的深入，烹调一词才逐渐从实际应用中逐步分化出来，用于表示经过加工处理的烹饪原料用加热和加入调味品的综合方法，制成菜肴的一门技术，专指烹饪中加热和调味的菜肴技术工艺。而烹饪则指制作菜点的全部活动。

二、烹饪的基本内容

烹饪是人类的一种创造活动，其基本内容是利用可食性的原料生产制作菜肴、主食和小吃、点心，具有一定的技术性和艺术性。

(一)菜肴

菜肴是以动物性原料和蔬菜等为主料，加入调辅料烹制的，在正餐中与主食、酒类配合食用。按加工类别分类，主要分为冷菜、热菜、大菜、小菜等。按消费类别分类，主要分为家常菜、市肆菜、官府菜、宫廷菜、寺观菜等。

中国菜肴种类繁多，工艺复杂，其本质属性体现在色、香、味、形、质、器、养七个方面。

(二)主食

主食是中餐膳食中供给人体所需主要能量的正餐食品，如米饭、馒头等。由于地理、历史等原因，中国大部分地区自古以农耕为主，在粮食生产逐渐增加的同时，人们养成了以粮食制品为主食，以肉类、蔬菜制品为副食的饮食习俗。不同地区的主食各有特点，长江以南大部分地区以大米制品为主食，如米饭、粉团等；长江以北大部分地区则以小麦、玉米制品为主食，如馒头、窝头等。藏族同胞以青稞掺豆类做成糌粑为主食，个别地区以杂粮和薯类制品为主食。

(三)小吃、点心

小吃、点心是用于早点、夜宵、茶食或宴席间的点缀食品，如油条、汤圆、面点、糕点等。它们以量少、精致而有别于主食和菜肴，被称为点心，又因量少、价廉被称为经济小吃。中国的小吃、点心用料广博、品种丰富。以粮食为主料制作的可分为包卷类、饼饵类、饺角类、糕团类、面茶类、糜粥类等。还有许多用肉、鱼、禽、蛋等为主料制作的小吃。

小吃和点心两词长期混用，各地区的区分方法也不同。我国北方和长江上游地区，将食肆饭摊现制售卖的早点和夜宵称为小吃，而将糕点厂和厨房制作的供宴会食用的精美糕点称为点心。南方则将早点和夜宵食用的米、面制品称为点心，而把肉类制品称为小吃。有些地区则把小吃和点心视为同义词。

三、烹饪的社会作用

烹饪是人类的创造发明，与人类生存发展息息相关，在人类社会中具有十分重要的作用。

(一)促进人类步入文明时代

人类用火熟食之后，逐渐摆脱了生吞活剥的野蛮生活方式，从根本上与其他动物区别开来，步入了人类文明。随着烹饪方法由简到繁、由粗到精演变，饮食生活逐步由果腹充饥升华为生理和心理综合的美感享受。

(二)改善人类的饮食生活

烹饪技艺提高了食物的营养价值，丰富了食物的美感属性，源源不断地创造出适口、悦目、养生、保健的美食，极大地改善了人类的饮食生活。

(三)繁荣社会经济

烹饪技艺是一种社会生产力，它把人们的饮用食品研制成人人喜爱但一般家庭难以制作的风味特点，使其具备了商品属性，从而促进了餐饮市场的形成和繁荣，为社会化服务增添了活力，在社会经济发展中产生了较大的推动力。

(四)有益于人们的社会交往

随着人类社会的不断发展，交际性的社会活动不断增多，无论是亲朋间走访看望，婚庆嫁娶，还是不同社会团体、企事业单位、国内和国际间的友好往来，都需要适当的饮食招待以表达主人对客人的一份热情。精湛的烹饪技艺是保证饮食招待质量的重要因素，它为人们的社会交往增添了深情厚谊，体现了中华民族的友善和热情。

四、中国烹饪是科学、是文化，是艺术

中国烹饪是中华民族的智慧结晶，其内涵既包括许多自然科学，又涉及许多社会科学，因此说，中国烹饪是科学、是文化，也是艺术。

(一)科学体现

烹饪科学是从整理烹饪实践经验中产生的，它以自然科学和社会科学为基础。几千年来，广大民众和科学工作者积累的植物、动物及人体研究成果，使烹饪科研有了可靠的依据，特别是历代生物学者和医学工作者对人体的研究，有关人的消化系统与饮食关系的探求，虽然与现代人体生理科学的表述方法不同，但仍被实践证明具有较高的科学性，为烹饪研究提供了科学理论。中国人民对烹饪科学的认识着眼于宏观，在征服自然、改造自然、利用自然的过程中努力适应自然。形成了中国烹饪科学思想的三大观念，即天人相应的生态观念、食治养生的营养观念、五味调和的美食观念，并把这三大观念具体化，确定了“五谷为养，五果为助，五畜为益，五菜为充”的食物结构。

(二)文化内容

中国烹饪文化是中国人在社会实践中，为生存、发展、享受需要，创造和积累的物质财富和精神财富的总和。其内涵十分丰富，既有人类从用火熟食开始不断发展的历史足迹，又有文字记载的各种烹饪典籍、饮食文献，还有众多的饮馔语言和多彩的食风食俗；既有深刻的思想哲理，又有丰富的实践成果。思想哲理是烹饪文化的精华，集中反映在处理食与自然、食与社会、食与健康、食与烹调、食与艺术五个方面，有许多重要理论成为中国烹饪文化中的珍宝，对规范和促进烹饪事业健康发展产生了深远的影响。

(三)艺术特点

中国烹饪艺术是以烹饪加工制成的饮食品为审美对象，满足人们饮食实用与审美享受相结合的艺术。烹饪艺术受烹饪原料、烹饪技术、制品实用功能等因素的制约，具有一定的局限

性，形成了自己的特点；作品的表现形式属于空间艺术，作品的材料和形体构造属于造型艺术，作品的展示方式属于静态艺术，审美主体的感受和反映途径属于视觉、味觉、嗅觉、触觉同时感受的综合艺术，要求具有各种属性的和谐美，更要突出味美。对烹饪艺术品的鉴赏是在吃的过程中完成的，味美具有决定性作用。中华民族善于知味、辨味、用味、造味，因此，中国烹饪艺术形成了若干流派和地方风味体系。

第二节　中国烹饪的起源和发展

一、烹饪的起源

(一)人类从偶然熟食到自觉地取火熟食

人类祖先从猿进化为原始人后，长期过着茹毛饮血的生活，并以森林为家园，“寒则穴处洞中，热则巢居于树上”。森林因雷电等自然影响起火时，原始人群逃离森林，林火熄灭后重返家园，偶然食用了已被烧熟的兽肉，感到了与生吞活剥的区别，这种体验经过多次重复后，人类逐渐认识到熟食的好处，便开始自觉地保留火种用于熟食和取暖。随着历史的发展，人类又发现摩擦能生热取火，于是发明了钻木取火和击石取火方法，从此掌握了取火熟食的本领。

(二)陶器的发明和使用

古人通过长期的劳动实践，逐渐发现被火长期烧过的黏土变成了坚硬的泥块，不易被水溶散，于是就尝试把黏土制成一定形状的容器，风干后以火烧硬，用于盛装食物和汤水，这便是最早的陶器之一。陶器的发明和制陶业的发展，在中国烹饪史上具有划时代意义。陶器具有较好的坚固性、传热性、耐火性和保温性，可以加水煮制食物。陶釜、陶鼎和可搬动的陶灶等器具先后制成后，烹饪所需的火、水、器具、食物四大要素就齐备了。

(三)食盐的发现、制取和使用

食盐是烹饪调味最重要的原料，人类在发明用火以后的很长一个时期内，烹饪只是把食物加热制熟而已，没有调味原料。后来，某些靠近海滨的古人，偶然把获得的食物放在海滩上，沾上了一些白色的晶粒，烧煮后滋味变好。经过反复观察体验，人们认识到那些白色的晶粒是海水蒸发后形成的，可以调和食物的滋味，于是发明了“煮海为盐”的技术，史称“夙沙氏煮海为盐”，有学者考证，夙沙氏是距今六七千年前生活在我国东部海滨地区的一个氏族部落。食盐的制取和使用，使烹饪进一步丰富了内涵。

二、烹饪的发展

(一)萌芽时期

萌芽时期又称为火烹时期，始于人类用火熟食，终于陶器发明前夜，相当于我国旧石器时代的中晚期，历经50余万年。

用火熟食孕育了原始烹饪，奠定了人类饮食史上一次大飞跃的基础。人类学会用火熟食后，或将食物靠近火堆直接烧烤，或在食物外表涂裹上草泥后再去烧烤，或将石板、石子烧热后把热传给食物，或在火堆的余烬中煨熟食物，加热方法逐渐增多，为后世烹饪发展积累了原始经验。

（二）形成时期

形成时期又称为陶烹时期，始于陶器发明，到新石器时代结束，历经五六千年。

陶罐、陶釜等是先民发明的第一代炊具，它促进了煮、炖、蒸、焖等一系列以水为传热介质的烹饪技法陆续问世，可以把稻、粟、粱、豆等谷物制成粥饭等食品，从而促进了农业生产发展，使人们从完全依赖自然采集渔猎逐步发展到农耕和畜牧。陶器还为煮海制盐提供了工具，使烹饪有了简单的调制和技法。

（三）发展时期

发展时期又称为铜烹时期，始于公元前 21 世纪，终于公元前 5 世纪，历经 1500 多年。

青铜器的出现及其在烹饪中的应用，对中国烹饪同样具有划时代的意义。它标志着中国的烹饪器具进入了金属时代，极大地促进了中国烹饪技术提高。烹饪原料以种养为主，各种调料日益丰富，烹饪工艺初步形成体系，出现了“食不厌精，脍不厌细”的审美要求。青铜刀具为庖人研习刀工技术提供了利器，青铜炊具更耐高温，可以熬炼动物油脂，使煎、炸、油炒等油烹技法相继问世。食品种类迅速增多并形成了中国南北方不同的风味流派。饮食市场和筵宴礼仪初步形成，为后世繁荣奠定了基础。

（四）繁荣时期

繁荣时期又称为铁烹时期，始于秦汉，到清朝末年为止，历经 2000 余年。

铁鼎最早见于春秋晚期，秦汉时期，铁器大量出现，铁制炊具才广泛应用于烹饪，由此带来了烹饪多方面的巨大变化。铁锅和煤灶的优势使人们掌握了爆炒等旺火速成的烹饪技法；铁制刀具更锋利耐用；瓷质餐具逐步取代了陶器和青铜器；豆腐和植物油脂的制取方法对中国烹饪产生了深远和广泛的影响；餐饮市场日趋繁荣。

（五）当代烹饪逐步增强科学性

从明末清初直到今日，中国烹饪虽然仍在使用一些铁制炊具，但厨房设备、加热能源、烹饪工艺等都在急骤变化，进入了一个新时代，其最鲜明的特征就是科学性逐步增强。

电力能源普及应用，加工机械和制冷设备越来越先进，工作环境和劳动强度不断改善，电烤炉、电蒸锅、微波炉、电磁炉等一批又一批新型炊具不断应用于餐饮企业，特别是万能蒸烤箱的出现，解决了烹饪的许多难题，集蒸、烤多功能于一体。煤气、天然气已成为大中城市餐饮企业的主要燃料，能源和设备的科技含量与日俱增；低温烹饪分子料理更是改写了传统的烹饪（方式）观，无土栽培，人工养殖，无公害农产品为烹饪提供了大批优质原料。人们的餐饮时尚和烹饪理念越来越具有科学性。中国传统的食治养生科学与现代营养科学相互渗透，宏观把握总体与微观量化分析相结合等科学理念正在促使中国烹饪向现代化和科学化前进。

历史留下了人们勇于探索的足迹，写下了昔日的辉煌；历史将不断推进，人们将继往开来，勇往直前，再创新高。中国烹饪必将续写更加灿烂的新篇章，为人类文明进步作出新贡献。

第三节　中国烹饪的基本特点

一、原料广博　菜品丰富

中国疆域辽阔、地形多样、气候温和，雨量充沛，为各种动植物繁衍生息提供了良好的自然环境。因此，烹饪原料来源广泛，并且品质优良，米麦黍豆、菜蔬子仁、花果菌藻、肉鱼蛋乳、山珍海味，无不入馔。

丰富的烹饪原料为菜品制作提供了物质基础，据初步统计，中国各地菜品总数约有数万种，既有经济、方便的大众便餐菜品，又有乡土气息的民间菜品；既有讲究实惠的酒席菜品，也有各物纷呈的筵席菜品；既有因地、因时的四季菜品，又有注重口味，随意组合的家常菜品，还有齐味万方的全席菜品，更有传统疗疾健身的药膳食馔，数以万计的美味佳肴构成了我国繁荣璀灿的菜肴体系。

二、选料严谨　物尽其用

中国菜历来注重选料，根据各种原料的物性差异合理使用，不仅讲究质地精美、营养丰富，而且易于消化吸收，去粗取精，因料而做，如白切鸡，须选用质地肥嫩的仔鸡。北京烤鸭，以正宗北京填鸭为原料，才能有皮脆肉嫩味醇的效果。

物尽其用是中国烹饪的优良传统，广大烹饪工作者深知粒粒皆辛苦，对各种购入的原料都十分珍惜，同一原料，根据不同部位分档，制成了不同风味的菜肴，如猪、牛、羊等大型原料，除毛、齿、角、蹄、甲不用之外，其余按部位或器官分别制菜，无论原料形状大小，货值贵贱，经过合理加工和精烹细调，均能制作出各式各样的美味佳肴。

三、刀功精湛　成型美观

中国菜刀功精妙，形味兼美，菜肴千姿百态，变化无穷，种类繁多，是国外所无法比拟的，一些特殊的刀功，是机械加工根本无法实现的，堪称我国烹调技术之一绝。我国目前有切、斩、剁、砍、排、剞、削、拍、敲等刀法不下百种，多变的刀法适应了各种质地的原料需要，例如平面切花图案，使中国厨师在刀功处理时“游刃有余”，达到美化菜肴的目的。

“刀下生花”，精确地反映了中国菜的成型艺术，经过刀功处理的原料，形成了栩栩如生、生动逗人的各种象形，从而使菜品产生了较强的艺术性。如剞刀法，能把原料加工成麦穗形、菊花形、兰花形等花草形状，冷菜切拼龙凤呈祥、喜鹊闹梅等以及象形面点既是菜点制品，也是精美的艺术品，切雕技术将各种瓜果蔬菜切雕成平面、立体图案，烘托了宴会气氛，使观者动容、食者动情，给人以美好的艺术享受。

四、技法丰富　精于火候

中国烹饪技法丰富，变化多端，经过历代劳动人民的长期实践，特别是业内人士的潜心研讨，形成了几十类近百种烹调方法，以炸、熘、爆、炒、炖、焖、蒸、煮、烧、扒、煎、烤等二十多种最为常见。同时各地又有地方特色的技法，如鲁菜的油爆、苏菜的泥烤、广东菜的盐焗、四川菜的干煸等各具风采。多种烹调技法既适应了多种原料的加热需要，又满足了中国烹饪讲究色香味形的要求。

火候是烹饪成败的关键。古人曾说："物无不堪吃，唯在火候，善均五味。"火候准确，可以化平凡为奇妙；火候失度，山珍海味也难成美馔。火候的成因很多，演变微妙，个中奥秘不易言表，经验丰富的厨师能明察秋毫，调控有度。

五、讲究风味　善于调和

中国烹饪把味觉审美作为烹饪艺术的主题，将味视为菜点的灵魂。全国形成了多种风味体系，"同一菜也，而口味各不相同，如北方人嗜浓厚，南方人嗜清淡。……清奇浓淡，各有妙处"。(清钱泳《履园丛话》)对风味的重视促进了烹饪艺术发展，总结形成了众多味型，如鲜咸味、咸香味、咸甜味、香辣味、酸辣味、麻辣味、酱香味、糟香味、酒香味等，变化无穷，各显其美。

善于调和是中华民族的智慧体现，万事和为贵，味和则是饮馔之美的最佳境界。中餐使用的调料有500余种，通过调理，发挥了多种呈味物质综合、对比、消杀、相乘、转换作用，使菜点风味妩媚迷人。调和的标准是讲求本味为美，合乎时序为美，肴馔适口为美。既能满足人的生理需要，又能适应人的心理需求，使身心美感在五味调和中得到统一。

六、合理组配　膳食平衡

合理组配确定了中国人的膳食结构，是中国烹饪科学思想的具体化。选择与权衡食物结构既要适应基本国情，又要满足养生健身的基本需求。中国选择了"五谷为养、五果为助、五畜为益、五菜为充"的食物结构，并把主食、副食、零食三者分开，一日三餐，又通过日常饮食和筵宴活动互相调剂补充，使饮食生活丰富多彩。

膳食平衡体现了合理组配的科学性。维持人体健康及提供生长发育所必需的营养物质，包括蛋白质、碳水化合物、脂肪、无机盐、维生素和水，养、助、益、充从宏观上满足了人体所需的营养物质，五谷为养抓住了营养的根本，在畜、菜、果的配合下，主副食辨证施食，互相补充，可使人体得到全面而均衡的营养。

七、地方性强　各具风格

中国烹饪由于各地区的自然气候、地理环境、经济物产、饮食习俗等因素，促使烹饪形成了风格各异的地方特色。华夏大地无论是从东到西，还是从南到北，每到一处都能感受到烹饪的地方特色，各地区的烹饪技法、宴席组合、菜点用料及其风味都凸显地方性，拥有一批当地的名特菜点。

中国烹饪可划分为许多地方风味，其中比较突出的有以下六大风味：

(1)中国政治文化中心首都北京的京味菜，有古朴、庄重、大度的京味艺术气质。

(2)国际大都会上海的海派菜，有崇新、华彩、秀美的海派艺术风格。

(3)黄河流域的山东风味菜，有宏伟豪放的艺术风格。

(4)长江下游流域的江苏风味菜，有轻柔雅致的艺术风格。

(5)长江上游流域的四川风味菜，有质朴明快的艺术风格。

(6)珠江流域的广东风味菜，有壮丽气派的艺术风格。

八、盛器考究　精巧美观

“美食不如美器。”精美的餐具对菜点具有一定的衬托作用，美食与美器的和谐统一是中国烹饪的显著特点。中国的食器精致美观，有若玉似冰的白瓷器、青如云薄如纸声如磬的青瓷器、紫红光亮的紫砂器，还有千姿百态的金器、银器、铜器、玉器等，各种盛器造型精致、图纹美丽，把盛放其中的菜点衬托得雅致而庄重。

盛器精美乃工匠奉献，烹饪艺术则体现在如何配用得体，“惟是宜碗者碗，宜盘者盘，宜大者大，宜小则小，参差其间，方觉生色。”(《随园食单》)道出菜点选配的规律性，食、器配合首先要讲究和谐之美，其次要创造精巧之美，使菜点与盛器天缘地合，顺乎自然，或创意新颖，出人意外又使人心悦诚服。

第四节　中国烹饪的基本工艺流程

一、菜肴制作工艺

菜肴制作工艺是制作菜肴的全部工作、方法和技术的统称，也称烹调技术，行业又称红案。其工艺流程包括烹调原料的选择、初步加工、切配和临灶烹调等四道工序，每道工序又包括若干技法内容。

(一)原料选择

“巧妇难为无米之炊。”选料是菜肴制作的第一步，根据不同菜肴正确选料是对烹调工作人员的基本要求，本工序包含对烹调原料进行品质鉴定和质量选择的过程。

(二)原料初步加工

初步加工是对烹调原料改剪、洗净污秽、去净杂质，获得适合烹调应用的净料的过程，包括植物原料的改剪，动物原料的宰杀，分档取料和出肉、出骨以及干货原料的涨发等，为下一步烹饪原料细加工做好准备。

(三)切配

本环节包括刀工处理、配菜、上浆挂糊,初步熟处理(焯水、汽蒸、过油、走红)等技术环节,为临灶烹调做准备。

(四)临灶烹调

临灶烹调是对原料加热、调味、制成菜肴的工艺,是热菜制作的最后一道工序,多在炉前操作,其工艺内容包括用火、勺功、烹制、调味、制汤、勾芡和装盘等。

菜肴制作工艺根据成菜温度和制作程序、方法的不同,又分为冷菜制成工艺和热菜制作工艺两类。为方便研究,可用下图 1—1 对菜肴的制作工艺流程做粗略归纳。

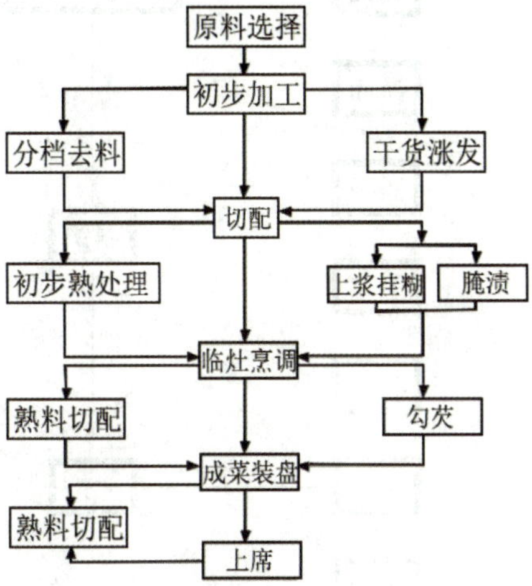

图 1—1　菜肴的制作工艺流程

二、面点制作工艺

面点因其所用原料主要是白色的面粉和米粉,故行业中俗称"白案"和"面案"。

面点制作工艺是由具有连续性的各种技术工艺组合而成的。不同类型的面点制成品,在其制法上均有不同的操作程序,但主要由面团调制、制馅、成型、熟制等工艺组成。

(一)面团调制

面团调制是面点制作的基础,一般包括和面、调面、搓条、下剂、制皮等工序。按使用原料和调制方法的不同,分为水揉面团、膨松面团、油酥面团、米粉面团和其他面团。

(二)制馅

制馅是由选料、馅料加工处理、拌制等工序构成。在面点制作中,不同的面点品种有不同的馅心要求,根据用料分素馅、荤馅、荤素馅三种。按口味分甜馅、咸鲜两类。馅心质量对成品质量起关键作用。

(三)成形

包括上馅和包制两个步骤,是将调制好的面团或坯皮,按照面点要求包入馅心(或不包馅心),运用各种方法制成形态各异的成品或半成品面点的制作过程。成形是面点制作质量和特色形成的关键操作工艺。

（四）熟制

面点熟制是运用不同的加热方法，将成品生坯由生变熟，使其成为色、香、味、形俱佳的熟制品过程，是面点制作的最后一道工序。面点熟制一般有单一的加热成熟方法和两种以上的加热成熟方法。单一加热成熟方法主要有蒸、煮、煎、炸、烤、烙等。熟制工序对面点质量起决定性作用。

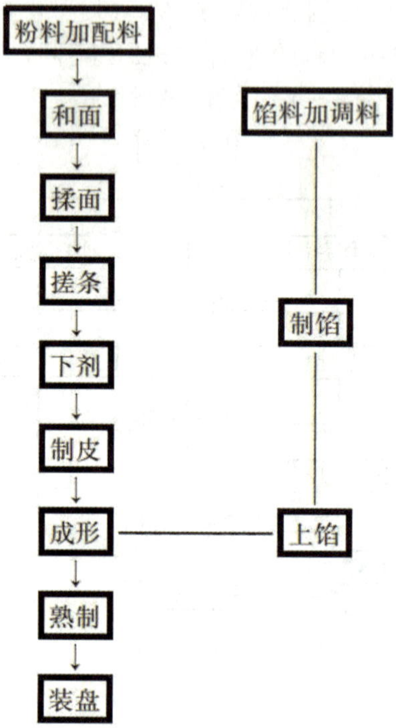

图 1—2　面点制作工艺流程图

复习思考题

一、选择题

1.烹饪一词在（　）时期已出现。

A.先秦　　B.春秋战国　　C.汉朝　　D.唐朝

2.“菜把青青间药苗，豉香盐白自烹调”一诗出自（　）。

A.苏轼　　B. 陆游　　C.白居易　　D.杜甫

3.世界烹饪三大风味体系是（　）。

A.中国、英国、俄罗斯　　B.中国、法国、意大利

C.土耳其、法国、美国　　D.中国、土耳其、法国

4. 对烹饪原料进行筛选、刀工处理、（　）、调味与烹制工艺称热菜工艺。

A.配色　　B. 配形　　C. 配味　　D.配制

5.“刀下生花”反映中国菜的（　）。

A.烹调技术　　B. 加工工艺　　C. 成形技术　　D.配菜技术

6.中国菜品丰富，有大众便餐，民间菜式，筵席菜式，还有（ ）。

A.四季菜品 B.全席菜品 C.药膳食疗 D.家常菜品

7.中国烹饪是科学，是文化，是（ ）。

A. 技术 B.艺术 C.工艺 D.技能

8.中国烹饪发展历经萌芽、形成、发展、繁荣和（ ）时期。

A.当代 B.现代 C.近代 D.清代

二、简答题

1.什么叫烹饪？烹饪与烹调有何区别？

2.简要说明烹饪的基本内容。

3.烹饪起源和发展历经几个阶段？

4.简述中国烹饪的基本特点。

5.中国烹饪的科学体现有哪些要点？

6.中国烹饪的艺术特点是什么？

7.中国烹饪的文化内容有哪些？

8.菜肴工艺和面点工艺各有哪些流程？

三、案例分析

“新派菊花鱼”为何得低分？

有一位厨师在一次行业协会组织的技术比赛中，用白萝卜为主料创作了一款新菜，名为“新派菊花鱼”，盛装在一只16寸的镀金大盘中，并饰以精美果雕寿星，但五名评委中有四位评委给这道菜品打了很低的分.制作菜品的厨师对此表示不解，感到很委屈。

评析：

评委们对这款菜品打低分的理由有三点：第一，用白萝卜切成“菊花鱼”，名不副实，白萝卜的质地较硬成形比较僵硬，不自然，与用鱼肉制作的菊花鱼相去甚远；第二，菜肴与器皿搭配不当，盘贵菜贱，喧宾夺主；第三，果雕饰品与菜肴内涵缺乏有机联系，围饰不当。

第二章　烹饪原料知识

第二章 [illegible]

【学习目标】

了解烹饪原料的概念和分类；
明确部分常用而又比较特殊的主配料；
调味料和佐助料的产地和外形；
掌握主要烹饪原料的食用价值和用途。

【内容提要】

◇烹饪原料的概念和分类。
◇畜禽类：家禽、家畜主要品种，畜禽制品。
◇水产品：鱼类、虾蟹类、软体类主要原料。
◇蔬菜和果品：常见蔬菜、水果品种。
◇干货制品：海味类干货、陆生类干货。
◇调味品：分类及常用品种。
◇案例分析：客人点要的白切鸡为何被退单。

第一节　烹饪原料的概念和分类

一、烹饪原料的概念

烹饪原料是指用来制作菜品、主食、小吃的各种主配料、调辅料和佐助料，是烹饪生产的劳动对象。

在漫长的烹饪发展史上，人们不断发现、培育和引进各种烹饪原料，并经过反复筛除和优选，逐渐淘汰不合宜的原料。目前，我国的烹饪原料总数达万种以上，稻麦豆薯、干鲜果蔬、畜禽鸟兽、鱼鳖虾蟹、蛋奶菌藻、本草花卉，乃至昆虫野菜都可选作烹饪原料，从而构成了中国烹饪原料广采博取的局面。

烹饪原料的根本属性就是可食性，这包括以下三层含义。

(一)具有营养价值

烹饪原料的营养价值主要是由烹饪原料中所含的营养素的种类和数量所决定的。除极少数调辅料如人工合成色素和防腐剂等不含营养素外，绝大多数烹饪原料或多或少地含有糖类、蛋白质、脂肪、维生素、矿物质和水分，但在不同的烹饪原料中，各类营养素的含量差别很大，因此，食用价值也有大小之别。

(二)具有良好的口感和口味

某些动植物虽含有较多的营养素，但口感和口味极差，也就降低了它们的食用价值，不能选作烹饪原料。

(三)具有食用安全性

烹饪原料的食用安全性相对于前两者更为重要。有些动植物既含有丰富的营养素，又具有良好的口感和口味，但含有对人体有害的毒素或病菌，不能选作烹饪原料，如受化学污染的鱼类等。

二、烹饪原料分类

(一)根据原料在烹饪中的作用分类

1.主配料

主配料是构成菜点主体的烹饪原料，绝大部分品种既可作主料又可作配料，难以截然划分，故概称为主配料。又可分为天然性主配料和加工性主配料两类。

2.调味料

在烹调过程中用于调和菜点口味的原料统称为调味料，又称调味品。包括咸味、甜味、酸味、辣味、香味、鲜味调料和其他调料。

3.佐助料

在烹调过程中对菜点的色香味形和质感产生帮助或促成作用的烹饪原料统称为佐助料。主要品种如水、油脂、淀粉及各种食品添加剂。

(二)根据原料本身的性质分类

1.动物性原料

主要是动物界中可被人类作为烹饪原料应用的一切动物及其副产品，包括畜禽、水产、蛋奶、野味及虫类。

2.植物性原料

是指植物界中可被人类作为烹饪原料的一切植物体，主要有粮食、蔬菜、果品三大类。

3.矿物性原料

指某些用地质矿物制取的被人们用作烹饪的原料，如食盐、纯碱、明矾等。

4.人工合成原料

指某些化学物质通过人工合成被用作烹饪的原料，如合成香精、合成色素等。

(三)根据原料加工与否分类

可分为鲜活原料、干货原料、复制品原料。

(四)根据原料的商品种类分类

可分为粮油、肉禽、水产、蛋奶、蔬菜、果品、罐头、调料等。

第二节 畜禽类

一、家畜的主要品种

家畜类原料通常指人工饲养的哺乳动物，是人类肉食的主要来源。家畜种类很多，有猪、牛、羊、驴、马、骡、狗、兔、骆驼等。

（一）猪

猪是我国主要肉用家畜，在肉食消费量中所占比重最大。我国各地均出产优良猪种，较有名的有东北民猪、北京黑猪、浙江金华猪、湖南宁乡猪、广东梅花猪、四川荣昌猪、广西陆川猪等。可分为瘦肉型、脂肪型、肉脂兼用型三种。

猪肉的结缔组织比其他畜肉少，肉质细嫩柔软，一般无腥膻味。适应任何刀工处理，可与任何原料组配制成各类菜品。名菜如北京白肉片、上海桂花肉、山东扒肘子、广东香芋扣肉、广西烤香猪、四川回锅肉、江苏狮子头、湖南走油豉扣肉、湖北千张肉、浙江干菜焖肉、福建荔枝肉、安徽云雾肉等。猪的头蹄和肚杂等部位也是良好的烹饪原料，中国名菜有扬州扒烧整猪头、广东白云猪手、山东九转大肠、四川菠饺银肺、福建麒麟象肚、河南炒心花等，此类佳肴不胜枚举。

（二）牛

我国供食的牛主要有黄牛、水牛和牦牛三种，黄牛主要分布于淮河流域及其以北地区，水牛主要分布在长江流域及江南水稻产区，牦牛主要分布在青藏高原及西南某些地区。牦牛肉质最好，黄牛肉次之，水牛肉较差。

水牛含水量比猪、羊肉多，但因其肌纤维长而粗糙，肌间结缔组织较多，加热后失水量大，反使肉质老韧。烹调师采用上浆拌油静置等措施，提高牛肉的嫩度，收到了良好效果。我国的牛肉名菜有北京烤肉宛的烤肉、清真菜的袈裟牛肉，四川的水煮牛肉、广东的爽口牛丸、江苏的六合盆牛脯、山东的扒牛肉条等。牛的头蹄及脏器均可入馔，如四川的毛肚火锅、广东的三元牛头、湖南的原蒸牛鞭、陕西的茄汁牛舌、河南的卤牛肝、内蒙古的清汤牛尾等各具特色。

（三）羊

羊在我国主要产于西北、华北和西南等地，有绵羊和山羊之分。绵羊臀部丰满，尾部略呈圆形且储有大量脂肪、肉质坚实、色泽暗红、纤维细软、肌肉间较少夹杂脂肪，公绵羊肉无膻味。山羊体形较小，肉呈较淡的暗红色，皮质厚，皮下脂肪极少，腹部脂肪较多，公山羊肉有膻味，瘦肉较多。

羊在烹调中用途广泛，可烹调清炖羊肉、酱葱爆羊肉、红扒羊脑、炒绵羊肉丝、炸羊尾、烧烤羊肉串、卤羊腰等菜肴。

(四)驴

驴在我国北方饲养较多，其肉色暗红，肉质比牛肉细嫩，滋味鲜美，有“天上的龙肉，地下的驴肉”之誉，在烹调中常用于烧、焖、扒、炸等烹调法。驴肉稍有腥味，烹调中要注意除腥。

(五)马

马分布我国各地，马肉肉色暗红并有微青光泽，肉纤维较粗，结构不似牛肉坚密，肌间无脂肪，口味鲜甜，可用于卤、腊、烧、扣、焖等烹调法。

(六)狗

狗在烹调中又名地羊、香肉，是我国饲养广泛的家畜，南北均有。肉暗褐色，肌肉纤维细嫩，肌间杂有少量脂肪。可烹制生焖狗肉、白切香肉、满坛香、狗肉扣等风味菜肴。

(七)兔

目前肉用兔品种在我国各地饲养普遍，兔肉脂肪含量较低，蛋白质含量高，被称为“美容肉”，越来越受人们的喜爱。其肉呈淡暗色并略带灰色，肉纤维细而疏松，肌肉间很少夹有脂肪，肉质细腻柔嫩，肉味鲜美，但兔肉略带土腥味，故烹调时要洗净兔血，并去除生殖、排泄器官及各种腺体和脊椎骨。烹调中常用炒、炸、焖、烧、扣等方法。可烹制干锅爆兔肉、绿柳兔丝、红扣兔肉等菜肴。

二、家禽的主要品种

家禽类原料是指人工饲养的鸟类动物，我国目前饲养的家禽主要有鸡、鸭、鹅、鹌鹑、肉鸽、火鸡等。

(一)鸡

鸡是我国饲养最普遍的家禽。按用途可分为肉用型、蛋用型、肉蛋兼用型、药用型四类。中国的主要良种鸡有江苏狼山鸡、上海浦东鸡、浙江萧山鸡、广东惠阳鸡、江西泰和乌鸡等。

鸡肉结缔组织少，肌纤维比较柔细，肉的硬度较低，易被人体消化吸收，以味道鲜美著称。整鸡入馔或分割烹制皆宜，鸡杂也是良好的烹饪原料。全国各地的鸡类名馔很多，如北京的白露鸡、上海的白斩鸡、广东的盐焗鸡、四川的怪味鸡、山东的德州五香脱骨扒鸡、江苏的清炖狼山鸡、浙江童子鸡、福建醉糟鸡、湖北八宝脆皮鸡、吉林人参鸡、广西的蛤蚧炖鸡等。鸡杂类名肴有菊花鸡胗、玲珑鸡心、炸鸡肝、炒鸡肠等。

(二)鸭

鸭是由野鸭驯化而来的水禽，主要产于我国华东、华南、华北、西南等地。主要品种有北京鸭、麻鸭、番鸭(洋鸭)等。

鸭肉丰满细嫩、肥而不腻、皮薄香鲜，可烹制众多名贵菜肴，如北京烤鸭、江苏三套鸭、盐水鸭、四川樟茶鸭、虫草鸭子、山东神仙鸭子、锅烧鸭子、广东烧鸭、杭州酱鸭、吉林人参焖鸭等。鸭掌、鸭舌、鸭肝、鸭心等脏器也是优良的烹饪原料，此类名菜如芥末鸭掌、菊花鸭舌、黄焖鸭肝、火燎鸭心、飘心鸭腰、青椒鸭肠、芫爆鸭胰、烩鸭四宝等。

（三）鹅

鹅古称家雁、舒雁，今称雁鹅。我国南北均有饲养，著名品种有产于我国各地的中国鹅，其中有主产于广东的狮头鹅，还有主要分布在江苏地区的太湖鹅。

鹅与鸡鸭相比，肉质稍粗，且有腥味。但鹅肉结缔组织少，肉纤维较细，易消化吸收，尤其是水解氨基酸较多，鲜味较强。用鹅制作的中国名菜有糟鹅、盐水鹅、卤鹅、烧鹅、挂炉烤鹅、脆皮香麻鹅、胭脂鹅等。鹅肝质地细嫩、营养丰富、味道鲜美，是国际市场上珍贵的烹饪原料，西餐善烹鹅肝。

（四）鹌鹑

鹌鹑是我国食用较早的鸟类，最初为野生，现在全国各地人工养殖普遍。鹌鹑肌肉丰满、肉质鲜嫩，有独特的清香味，营养价值高，被称为"动物人参"。鹌鹑烹调中运用广泛，可烹制淮杞炖鹌鹑、红烧鹌鹑、柠汁焗鹌鹑等菜肴。

（五）肉鸽

肉鸽又称菜鸽、地鸽，是专供食用的乳鸽品种，生长快，肉质好，主要品种有石岐鸽、王鸽等。石岐鸽原产于广东中山石岐镇，胸脯发达，肉质鲜美细嫩。王鸽原产于美国，是世界著名肉鸽，我国引进的有白王鸽和银王鸽两个品种。王鸽体形大，肉细嫩味鲜甜。肉鸽在烹调中常用于炸、焖、煎，可烹制软煎鸽脯、清炸乳鸽、芪党炖乳鸽等菜肴。

（六）火鸡

火鸡又称吐绶鸡、食火鸡，原产北美，我国现饲养较多，已成为烹调新兴原料。常见品种有黑色火鸡、古铜色火鸡、白色荷兰火鸡等。火鸡肌肉发达，肉味鲜美，是西餐的主要原料，中餐常用于炖、烧、焖、炸等烹调方法。

三、畜禽制品

我国畜禽制品分腌腊制品、脱水制品、灌肠制品，其他制品（烟熏制品、烘烤制品、酱卤制品、罐装制品）等四大类，主要品种有以下几种：

（一）火腿

火腿是我国历史悠久、极负盛名的烹饪原料，用猪的腿部经腌制、洗晒、整形、陈放后熟等多道工艺制成。我国有三大名火腿，即浙江金华火腿、江苏如皋火腿和云南火腿。火腿肉色火红，味醇厚香鲜。既可单独成菜，如蜜汁火方，又可用于冷盘、热菜、汤羹及面点馅心配料，还可用于名贵山珍海味的调辅料。

（二）腊肉

腊肉是以肉类为原料加工制成的。旧时指在农历腊月腌制的肉品，后来发展为泛指将经过腌制的肉品再经烘烤或烟熏而成的肉制品。有的地方则专指腌制后经过烟熏制成的肉品。主要产于长江中下游及其以南地区，河南、山西、陕西、甘肃等地也有生产。成品具有瘦红肥白、色泽鲜艳、质地爽利、香味独特、耐储久藏不变质等特点，我国的名优腊肉品种有广东广式腊肉、四川腊肉和湖南三湘腊肉。此外，我国还出产腊狗肉、腊鼠干、腊兔肉、腊鸡、腊鸭、腊猪肝、腊猪舌等腊肉制品。

腊肉入馔适应于蒸、煮、炖、煨、烧、炒等烹饪技法，可以制成冷盘、热菜。名菜如湖南的腊味合蒸、湖北的菜薹炒腊肉、广东的腊味荷兰豆等，均以其独具香味著称。

（三）香肠

香肠是以猪的肠衣灌入调好味的肉料风干而成。依据灌入的肉料分类有猪肉香肠、鱼肉香肠、火腿香肠等。通常人们所说的香肠是指猪肉香肠，全国各地均有生产，以广东香肠、四川香肠、武汉香肠最为出名。

香肠入馔，可以蒸煮后切片装盘作冷盘，也可与蔬菜配用炒食。

（四）香肚

香肚是以猪的膀胱灌入调好味的肉料风干而成。选新鲜猪肉切成1.5厘米左右的方块，加入盐、糖、硝水及香料拌和后，用漏斗将馅放入香肚皮，针戳放气，并在案板上揉转紧实，外形呈苹果状，用麻绳扎紧，晾晒3～4天，转至通风处晾挂30天即成。食用时用清水浸泡，洗去表层灰垢，煮熟后晾凉，撕去外皮，切片装盘即为冷盘。

（五）肉松

肉松是将新鲜的肌肉部分经高温煮透，去油、收汤浓缩，炒干脱水制成的絮状干肉制品。依据肉的种类分为牛肉松、猪肉松、兔肉松等。按产地分有福建肉松、江苏太仓肉松、四川肉松等。肉松呈金黄色或红黄色，肉质蓬松干爽，味鲜香醇厚。

肉松入馔，可作冷盘直接上席，也可作为冷盘的垫衬料、周边料或热菜的瓤馅料。

第三节　水产品

水产品是产于江河湖海的各种可食性原料的统称。可分为鱼类、虾蟹类、软体类和其他水产类。

一、鱼类

鱼类是高蛋白低脂肪的烹饪原料，在世界上两万余种，我国有两千余种，分淡水鱼和海产鱼两大类。

（一）咸水鱼主要品种

我国海洋渔场广阔，渔业资源丰富，出产经济价值较高的鱼类达两百种，饮食业经常使用的有黄鱼、鲈鱼、加吉鱼、比目鱼、鳗鱼、带鱼、石斑鱼等。

1.黄鱼

黄鱼又称黄花鱼，为石首科黄鱼属鱼类。主要有大黄鱼和小黄鱼两种，产于我国沿海。

黄鱼是海产鱼类中肉质最嫩的，属上等海味佳品，其肉质细嫩呈蒜瓣状，味道清香。适宜于清蒸、清炖、干煎等多种烹调技法。中国名菜有上海家常黄鱼、蛙式黄鱼、山东家常熬黄鱼、锅塌黄鱼、生熏大黄鱼、浙江丝瓜卤蒸黄鱼、莼菜黄鱼羹等。

2.加吉鱼

学名真鲷，又称红加级，铜盆鱼。头大口小，体色淡红。中国沿海均产，以黄海、渤海所产为佳。

加吉鱼肉多骨少，肉质细密柔滑，洁白鲜美，腥味极小。常用于清蒸、清炖、干烧等烹调技法。名菜有清蒸加吉鱼、清炖加吉鱼、干烧加吉鱼、烧加吉鱼、橘汁加吉鱼等。其头富含脂肪，常用于回锅制汤，眼多胶质，腴滑适口，常被主人敬奉贵宾。

3.大马哈鱼

大马哈鱼又称大麻哈鱼、东洋白鱼，港粤地区称为三文鱼。分布于北纬35°以北的太平洋水域，属溯河性洄游鱼类，中国主产于黑龙江流域，捕捞期多在9—10月。大马哈鱼属于比较名贵的大型经济鱼类，含脂肪量较高，肉呈红色，细嫩疏松，除供鲜食外，也可腌、熏等。名菜有生吃三文鱼、清炖三文鱼、香煎三文鱼、清蒸三文鱼、豆瓣原汁三文鱼等。其鱼籽趁鲜腌制鱼籽酱，可长期贮存，属名贵菜品。

4.鲈鱼

鲈鱼又称花鲈。栖息于近海，也进入淡水。早春在河口产卵，中国沿海均有分布，夏秋季节可大量捕捞。

鲈鱼肉质白嫩清香，肉为蒜瓣状，最宜清蒸。中国名菜有广东的清蒸鲈鱼、香滑鲈鱼球、上海的软熘鲈鱼片、江苏的清烩鲈鱼片、浙江的干煎金钱鱼、山东的葱油鲈鱼等。

5.鳗鱼

学名鳗鲡，又称河鳗、白鳝。海水中产卵，溯河到淡水中生长。中国主产于长江、珠江、闽江的入海口，生长速度快，现已人工繁殖。

鳗鱼肉色洁白，皮肥肉嫩而质细，入口肥糯，滋味鲜美。适宜于蒸、炖、烧、焖等多种烹调技法。名菜有广东的豉汁蟠龙鳝、蒜子白鳝煲、福建的红烧通心鳗、浙江的锅烧鳗等。

6.石斑鱼

石斑鱼又名高鱼、过鱼。产于我国东海南部、南海，是福建、两广菜中的常用品，属上等食用鱼类，肉细嫩而味美，选用于蒸、烧、焖、炸、煎等多种烹调法。也可出肉制丸、馅等。

7.鲳鱼

鲳鱼又名白鲳、银鲳、平鱼。我国沿海各地均产，以沙口如秦皇岛出产最好，是名贵食用鱼类。头、肚、肠小刺少，肉多脂，质细嫩，鱼形圆整，多整条烹制。适宜红烧、清炖、清蒸、熏制等法。

（二）淡水鱼主要品种

全世界共有淡水鱼6800多种，我国约有860种，居世界首位。具有经济价值的约有250种，有20多种已成为主要的养殖对象。例如：青鱼、草鱼、鲢鱼、鳙鱼被人们称为“四大家鱼”。松花湖的白鲑鱼、兴凯湖的红鱼白鱼、黄河鲤鱼、松江鲈鱼被称为我国“四大淡水名鱼”。鳇鱼、鲥鱼、大马哈鱼、鲚鱼、银鱼、鳜鱼、鲫鱼、鳊鱼、武昌鱼、鳡鱼、鲩鱼、黄颡鱼、鳟鱼、银鲴鱼、鲮鱼、铜鱼、泥鳅、鲇鱼、河鳗、黄鳝、黑鱼、罗非鱼等均为我国常见的淡水鱼，是烹饪应用较多的良种鱼。

1.鳜鱼

鳜鱼又称桂花鱼。是中国特产鱼种，分布于全国各地的江河湖泊中，洞庭湖是主产区。

鳜鱼肉多刺少，肉质洁白细嫩，适用于多种烹调技法，最宜清蒸。名菜有山东清蒸鳜鱼、江苏叉烧鳜鱼、浙江炸熘鳜鱼、湖北白汁鳜鱼、湖南柴把鳜鱼、福建清炖鳜鱼、江西干蒸鳜鱼等。

2.鲥鱼

鲥鱼又称时鱼、三来。属于洄游鱼类，因每年定时由沿海上溯入江而得名。分布于中国的渤海、黄海、东海、南海沿海及长江、珠江、钱塘江、富春江、鄱阳湖等水域。其中长江中下游为主产地，被称为长江鲥鱼。

鲥鱼肉质细腻，滋味鲜润，刺多而软，富含脂肪。捕捞季节为4—6月。鲥鱼入馔，因其鳞下富含脂肪，故多不去鳞，以清蒸为佳，也可以红烧、白烧、粉蒸、烟熏。著名菜肴有江苏清蒸鲥鱼、安徽砂锅鲥鱼等。

3.青鱼

青鱼又名乌青、乌鲩、青鲩、黑鲩等。体圆筒形、腹部平圆、鳞大且圆、体青黑色。中国各大水系均有分布，主产于长江以南的平原地区水域，其中，以长江水系的青鱼种群为最大，每年农历12月最肥美，是中国主要淡水养殖鱼类之一。

青鱼肉白质嫩味鲜，皮厚胶多，最宜红烧、清蒸，也可用炸、熘、煎、炒等技法成菜。适应于多种味型。名菜有清蒸鲩鱼、红烧划水、三丝鱼卷等。

4.鳙鱼

鳙鱼又称花鲢、黑鲢、胖头鱼、大头鱼等。分布于中国东部平原各主要水系，长江下游和珠江流域是主产区。鳙鱼头富含胶质，肉质肥润，鳙鱼肉质虽不及青鱼、鲤鱼、鳜鱼等肉质肥美，但冬季肉质较厚实，通过合理配料，精心烹制，口味亦佳，民间以红烧、白烩、炖汤为多。

5.银鱼

银鱼又称银条鱼、面条鱼等。此鱼新鲜时能散发出一种黄瓜的清香味，故又称黄瓜鱼。又因其冬季籽满鱼肥，结冰越厚，此鱼越肥嫩，故又称冰鱼。全身光滑无鳞，仅雄鱼臀鳍上方有鳞。雌鱼有籽，味鲜美。主要分布于我国太湖。

银鱼入馔，肉质细腻，鲜嫩爽口，食用方法较多，可烹制多种美味佳肴，以炒、炸方法为佳，也可熘、烤、氽、蒸。名菜有银鱼涨蛋、雪丽银鱼、干炸银鱼等。

6.草鱼

草鱼又名草青、鲩鱼、白鲩，是我国四大家鱼之一。我国南北方均产，以湖北、湖南所产最好，一年四季均有上市，以9月、10月出产最好。草鱼肉质细而鲜嫩，烹调中运用较多，适于火焗、烧、焖、炸、熏等菜肴。

二、虾蟹类

虾、蟹各有很多种类，食用价值较高的主要有龙虾、对虾、美人虾、河虾、梭子蟹、青蟹、绒螯蟹等。

(一)对虾

对虾是对虾属虾类的统称，又称大虾、明虾，因北方市场常成对出售而得名。主要分布在黄渤海、南海北部及广东中西部近岸水域。近年来人工饲养已获得成功。体色呈青蓝或棕黄，对虾肉嫩色白，质肥鲜美，为海中珍品。最宜用煮、蒸、烧法成菜，带壳用盐水卤煮，佐以姜、醋食之，味道最佳。此外，还可用炒、煎、炸、熘、烹、烤等技法烹制。名菜有盐水大虾、油焖大虾、蒜葱蒸明虾、煎烹对虾、三吃大虾等。

(二)河虾

河虾是对各种淡水产虾类的统称。主要包括米虾、白虾、沼虾等，以沼虾应用最广泛。沼虾俗称青虾，体青绿色，有的带有棕色斑纹，甲壳厚而硬，主要分布于各地湖泊中，以白洋淀、微山湖、太湖所产最佳，4～9 月为上市旺季。

沼虾入馔，生炝、酒醉为佳。也可制作盐水虾、油爆虾等，去头和甲壳后为虾仁，既可制作清炒虾仁，也可制成茸泥咸菜。

(三)龙虾

龙虾是对龙虾属动物的统称。因体形及运动方式类似传说中的龙而得名。中国产的龙虾品种主要有中国龙虾、波纹龙虾、锦绣龙虾、日本龙虾等。分布于浙江、福建、台湾、广东及广西沿海。

龙虾多鲜食，民间一般蒸或煮熟后剥壳取肉蘸姜醋食用，最能体现龙虾本味。也可以开壳取肉烹制成菜，名菜有汤焗龙虾、清蒸龙虾、蒜蓉蒸龙虾、油泡龙虾球等，近年来生吃龙虾比较普遍，称为“龙虾刺身”。

(四)蟹

蟹又称螃蟹、无肠公子等，分为海蟹和河蟹两类。我国沿海海域和淡水湖泊均产。常见的海蟹有三疣梭子蟹、青蟹(又名肉蟹)，淡水蟹中有中华绒螯蟹、阳澄湖大闸蟹、洪泽湖螃蟹等，秋季是螃蟹肉质最肥美的季节。

蟹肉质嫩味特鲜，营养价值高，适宜多种烹调法，可炸、煎、炒、焖、烧、焗、烤、腌、糟醉等。最为常用的食法是清蒸，佐以姜醋，鲜香无比。其他名馔有芙蓉蟹片、炒蟹粉、炸蟹丸、蟹肉炒鲜奶、蟹粉狮子头、蟹黄烧豆腐、蟹黄小饺、蟹炒面等。

三、软体类

我国的软体动物在烹饪中运用较多，主要有鲍鱼、文蛤、牡蛎、海蚌、乌贼、红螺、扇贝、缢蛏螺蛳等几十种。

(一)鲍鱼

古称鳆，又称镜面鱼、九孔螺等。我国沿海海域均产，北方沿海有盘大鲍、皱纹盘鲍等，南方沿海产有杂色鲍、耳鲍、半纹鲍等。每年 7—8 月水温升高，鲍鱼向浅海做繁殖性游动，俗称鲍鱼上床。此时其肉丰厚、性腺发达、最为肥美，是最佳采捕季节。目前天然生长的鲍鱼数量不多，价格十分昂贵，20 世纪 70 年代后，人工饲养成功，产量正在稳步增长。市场上供应的鲍鱼分鲜品、罐头制品和干制品三大类。鲜品仅见于沿海产区，罐头制品、干货制品各地均有供应。

鲍鱼稀少名贵，俗语“有钱难买两个鲍”之说。其肉质鲜嫩味美，可与多种荤素料配用，菜式十分丰富，中国名菜有北京锅塌鲍鱼、山东扒原壳鲍鱼、广东蚝油网鲍片、江苏鸡粥鲍鱼、四川明珠酥鲍、福建红焖鲍鱼等。

(二)牡蛎

牡蛎又称蚝、蛎黄、海蛎子。中国沿海均产，常见者有近江牡蛎、大连湾牡蛎、长牡蛎等。

牡蛎肉质洁白细嫩，又富有营养，有“海底牛奶”之誉。除鲜采生食外，适应许多烹调方法，名菜很多，如山东的清氽蛎子、金银蛎黄、塌蛎黄、烤蛎黄等。浙江有蛎房跑蛋，广东有炸芙蓉蚝、生炒明蛎，福建有抱蛎、酥包蛎、火屈海蛎等。

（三）缢蛏

缢蛏又称蛏仔、蜻。因其贝壳顶至腹缘有一条微凹的斜沟，形似绳索的缢痕而得名。中国沿海均有分布，主产区为山东寿光、浙江宁海、福建连江等地。北方盛产期为6月，南方为9—11月，现已有人工养殖。

鲜蛏入馔，皆作主料，其肉如蛎、色泽白润、质脆鲜嫩，经加热煮熟后，汁白而清鲜，佐以姜汁蘸食最佳。将生蛏鼻用白酒、盐、胡椒、姜末等调味，异常脆嫩，为菜中珍馐。也可与多种荤素组配，用爆、炒、烧、烩等技法成菜。

（四）乌贼

古称乌鱼则，又称乌贼鱼、目鱼、墨鱼等。是中国沿海常见的品种，产于东海、南海和黄海。

乌贼可供鲜食，也可干制。鲜品肉质洁白柔韧，最宜爆炒，还可烧或焖煮，也可拌炝，成菜脆嫩鲜美。干制的乌贼经涨发后香鲜腴美，肉质脆嫩爽滑，别具风味。名菜有油爆双色乌鱼卷、芫爆乌鱼穗、氽乌鱼花、三鲜乌鱼、目鱼炖粉丝等。

第四节　蔬菜和果品

一、蔬菜

蔬菜是以植物新鲜的根、茎、叶、花等可食部位供食用的一类烹饪原料。

（一）蔬菜的分类

我国栽培的蔬菜有数百种，其中栽培较普遍的有60多种。按照蔬菜的构造和食用部位可分为以下几类。

1. 叶菜类

叶菜类是以肥嫩菜叶及叶柄作为食用部位的蔬菜。又可分为普通叶菜（如小白菜、芥菜、芹菜、生菜、苋菜、通心菜、豌豆苗、茼蒿）；结球叶菜（如大白菜、结球甘蓝）；香辛叶菜（如韭菜、香菜、葱、茴香）。此类蔬菜最宜清炒入馔，食其鲜嫩，也可与其他原料组配使用。

2. 茎菜类

茎菜类是以肥大的变态茎为食用部位的蔬菜。又分地上茎类（如莴苣、茭白、竹笋、榨菜等）和地下茎类两类，地下茎包括块茎类（马铃薯、菊姜）；球茎类（如马蹄、芋头、慈菇等）；根状茎类（如藕、姜等）；鳞茎类（如洋葱、大蒜、百合等）。此类蔬菜应用广泛，适应多种成形要求，宜于炒、爆、烧、扒等多种烹调方法，既可单独成菜，又可与其他原料配用。

3. 根菜类

根菜类是以变态的肥大根部为食用部位的蔬菜。可分为肉质根类(如萝卜、胡萝卜、大头菜等)和块根类(如豆薯、山药等),富含糖类物质,较耐贮藏。此类蔬菜最宜炖、焖,也可清炒或凉拌等。

4. 花菜类

花菜类是以花蕾器官作为食用部位的蔬菜。传统的有菜花、西兰花、韭菜花、黄花菜等。近年来,鲜花入馔已成为时尚,一些花类常用于制菜,如南瓜花、夜香花、桂花、荷花、菊花等。花菜质嫩味香,有美容和食疗的作用。

5. 果菜类

以果实和种子作为食用部位的蔬菜。茄果类(茄子、蕃茄、辣椒);夹果类(如蚕豆、红豆、毛豆、豌豆、四季豆、刀豆、荷包豆等);瓜果类(如南瓜、黄瓜、甜瓜、冬瓜、丝瓜、苦瓜等)。此类蔬菜彼此品质差异极大,可作多种用途。

6. 食用菌

以大型的无毒真菌类植物的子实体作为食用的蔬菜属于食用菌类。许多品种是野生种,近年来人工养殖普遍。常见的品种有猴头蘑、香菇、平菇、草菇、金针菇、黑木耳、银耳等。其中多数品种既可鲜食,又宜干制上市。此类蔬菜具有独特的香鲜味和滑嫩感,是常用菜点原料(个别品种在干货一节介绍)。

(二)蔬菜的主要品种

1. 大白菜

古称菘,又称黄芽菜等。我国南北方均产,主产于山东、河南、河北等省份。大白菜质地柔嫩适口,用途广泛,可单用成菜,也可配荤素各料。可烹制清水白菜、珊瑚白菜、虾米烧牙白、蟹黄扒白菜、瑶柱蒸白菜等。

2. 芦笋

芦笋又称龙须菜。以其嫩芽茎供食用,从欧洲引种,是饮食业新型蔬菜品种,有鲜品和罐装制品两种。鲜品多在产地应市,各地应用的主要是其罐头制品。芦笋肉质柔细脆嫩,有特殊的清香,入馔应用可单用成菜,也可与其他原料配用,适于炒、熘、扒、烩及凉拌等技法。名菜有清拌芦笋、糖醋芦笋、扒龙须菜、芦笋扒鲍鱼、珊瑚扒芦笋等。

3. 竹笋

竹的嫩芽或嫩鞭,简称笋。以肥硕鲜嫩的笋肉供食。主要产于我国南方,可取竹笋食用的竹种有毛竹、桂竹等十几种。按采收季节分冬笋、春笋和夏初的笋鞭,冬笋肉厚质脆嫩,风味佳,春笋产量高,笋鞭细小质较粗。竹笋入馔,用途十分广泛,既可作主料,又可作配料,适于煮、炒、烧、焖等多种技法。可熟制油焖冬笋、蚝油烧双冬(冬笋、冬菇)、兰花春笋、蒸酿冬笋等菜肴。

4. 莼菜

古称茆,又称水葵、露葵、湖菜等。以其嫩梢和初生卷叶供食,原产于中国,主要分布于长江以南的江苏太湖,浙江萧山湘湖,杭州西湖等地区。莼菜最宜制汤羹,如西湖药菜场、鸡丝莼菜、三丝莼菜羹、莼菜鱼羹等,还可以拌、炒。

5. 苦瓜

古称锦荔枝，俗称凉瓜、癞瓜等。以幼嫩的果实供食用。果实呈纺缍形或长圆筒形，呈青绿色，果肉有苦味。全国各地均有栽培，以广东、广西等地栽培较多，夏秋上市。常用炒、煎、烧、焖、酿、制汤等。名菜有广东的煎酿金钱凉瓜、广西的鳅鱼苦瓜汤，以及凉瓜三鲜煲、凉瓜排骨煲、四川的干煸苦瓜等。

6. 茭白

古称菰，又称茭笋，呈纺锤形。原产于中国，现在主要分布于长江流域以南，特别是太湖地区栽培较多，华北地区也有栽培，每年 6—10 月应市。茭笋色泽乳白，肉质柔嫩，纤维少，味清香，入口清而有韵，无腻滞浓浊之感，拌、炒、炖、焖皆宜。名菜有虾籽炝茭白、酒焖茭白、香糟煨茭白、干烧茭白、奶汤茭白等。还可以制馅做饺子、蒸包子。

7. 甘蓝

甘蓝又称洋白菜、圆白菜、卷心菜等。原产于地中海及北海沿岸，我国各地均有栽培。按其叶片特征可分为普通甘蓝、皱叶甘蓝和紫甘蓝三类。按叶球形状又可分为尖头型、圆头型、平头型。一年四季出产。甘蓝质地脆嫩、味甘鲜美，入馔应用可素可荤、冷热皆宜，最宜急火速炒，这样可减少维生素损失，也可保持菜质的清香脆嫩。另外也是制作泡菜的理想原料。

8. 土豆

学名马铃薯，又称山药蛋、地蛋等。原产秘鲁和玻利维亚的安第斯山区，我国各地均有种植，主产区西北、东北、内蒙古和西南山区。按其皮色分为白、黄、红紫等品种，按肉质颜色分为黄肉种和白肉种。

土豆富含淀粉，既可作主食，又可作菜点，适应炒、烧、炖、焖、蒸、炸、烤等多种烹调方法，荤素皆宜，甜咸均可。

9. 姜

姜又称生姜、黄姜，以其肉质根茎供食。原产于广东、广西、浙江、山东等地区。主要品种有山东莱芜片姜、广东密轮细肉姜、广西的黄姜、浙江红爪姜、福建红芽姜等。

姜有独特的辛辣味，与葱、蒜、辣椒并称“四辣”。分为老姜、嫩姜两个品种，老姜质老而有渣，味较辣，多用于矫味和调味。嫩姜又称芽姜、子姜、紫姜，质地脆嫩无渣，辣味较轻，多用作菜肴配料，或作腌泡酱原料。有时二者也可通用。矫味时常用老姜切片或拍松，使姜味易于溢出，有时与葱合用，有时切成丝、末与醋同用。调味时常取姜汁，如姜汁羊肉、姜汁豇豆等。用嫩姜作配料时，常切成丝片，制作姜丝肉等菜品，名菜有上海瓜姜鱼丝、广东子萝鸭片、江苏嫩姜炒鸡脯、福建芽姜牛肉片等。

10. 葱

葱属于百合科多年生草本植物，既可作菜又可作调味品，有大葱和小葱之分，大葱主要产于北方地区，小葱主要产于南方地区，株小但葱香浓郁。大葱主要品种有山东章丘大葱、陕西华阳谷葱、辽宁盖平大葱、北京高脚白大葱等。葱白肥大脆嫩、辣味淡，稍有清甜，久藏不变质。既可生食又可熟食。

葱在烹调中可与猪、牛、羊肉配用，有去腥膻的功效，如葱爆牛肉。取香葱数段，用油煸至皮黄，称为金葱，可制金葱扒鸭、葱烧海参等。葱末广泛用于炒、熘菜，葱丝用于蒸鱼和凉拌菜，葱汁用于鱼茸、虾茸等茸泥菜品，取其香而不见其形，葱油可用于底油和明油。大葱条和面酱碟配用，是烤鸭和烤乳猪等菜品的风味佐料。

11. 蒜

古称葫，又称葫蒜。以其鳞茎供食，分为大蒜、小蒜两种。中国原产有小蒜，蒜瓣较小，俗称狗牙蒜，现已罕见种植。大蒜原产于欧洲南部和中亚，汉代传入中国，现中国是世界上栽培面积和产量最多的国家。烹调应用的特产品种有河北永年大蒜、山东苍山大蒜、河南洛渎金蒜、上海嘉定大蒜、江苏太仓白蒜、广东金山火蒜、四川独蒜等。

大蒜用于调味，既可整瓣使用，也可切碎或捣成泥状。蒜瓣整用如江苏炖生敲、四川大蒜鲇鱼、广东蒜子瑶柱脯等。切片多用于爆炒菜。捣成蒜泥可以与香油、面酱、麻汁、醋等同用，用于拌制冷菜或作味碟蘸食。此外，大蒜还可用于腌渍，如糖蒜、醋蒜等，也是调味极佳的调味品。

12. 辣椒

辣椒又名海椒、辣子、辣角、番椒等。我国各地均产，尤以湖南、四川、云南、广西、陕西、甘肃等地产量较多、质量好。辣椒有尖、圆等形状，颜色有绿、红、白、紫等。辣椒入馔，用于配料和调味料，还可制辣椒粉、辣椒酱、辣椒油等调味品。

二、果品

果品是鲜果、果干、干果、蜜饯和果脯的总称，一般指木本果树和部分草本植物所产的可直接生食的果实，以及各种种子植物所产的种仁。果品是人们日常生活中必不可少的食物，也是烹饪原料的重要组成部分，在凉菜、热菜、果雕、茶酒、点心中都有广泛的运用，常用的品种有以下几种。

(一)鲜果类

1.梨

梨又称快果、五乳、果宗、玉露、蜜文等。为蔷薇科梨属植物的总称。梨可分为中国梨和西洋梨两大类。中国梨为我国特产，南北都有栽培，以华北和西北为多，西洋梨原产于欧洲中部、东南部及中亚地区，我国市场上经营的梨品种主要有秋子梨、白梨、沙梨、西洋梨。

梨可供鲜食，烹饪中以制作甜菜和冷菜为主，也可以制作菜肴，炒、熘、扒、蒸、炖均可。如八宝梨罐、京糕拌梨丝、雪梨炒牛肉片等，还可以做梨汁粥。梨可以加工成梨膏、梨脯、梨干，还是制醋、酿酒的原料。

2.苹果

苹果又称频婆、奈，为蔷薇科植物苹果的果实。主要产于东北、华北一带，夏季至秋末采收，主要品种有国光、青香蕉、红玉、祝光、金帅、香蕉苹果等。

苹果脆嫩甘美、清香，除鲜食外，烹饪中多用于甜菜的制作，适于酿、拔丝、蜜渍、扒等方法，如拔丝苹果、熘苹果、苹果布丁等。苹果还可以加工成果干、果脯、果汁、果酱、果酒等多种制品。

3.山楂

山楂又称红果、山里红，是蔷薇科植物山楂的果实。山楂是我国特有的果树，南北均有栽培，以辽宁、山东、河北、河南、北京为主要产地，每年 9 月、10 月成熟上市。山楂肉质细腻、果味酸甜、营养丰富，可以加工成多种食品和饮料，如制作果冻、果酱、果茶、果酒、果脯等，冰糖葫芦是颇具特色的北方冬季食品。山楂做菜常制成甜菜，如蜜三果、烤红果等。

4.桃

桃是蔷薇科植物属的果实，原产于我国，全国各地均有栽培，以浙江、江苏、山东、河南、河北和陕西栽培较多。桃的色香味俱佳，因此有寿果、仙果之称。著名品种有山东的佛桃、河北的水蜜五月鲜、北京的白桃、浙江的玉露、江苏的水蜜桃和蟠桃。

桃肥嫩多汁、味甜，烹饪中常用于甜菜制作，适于酿、蜜渍等，如蜜汁桃脯等。桃可以生食，还可以加工成桃脯、蜜桃片，常用于点心制作。

5.樱桃

樱桃又称含桃、莺桃，为蔷薇科植物。原产我国长江流域，主要品种有中国樱桃、甜樱桃、酸樱桃和主樱桃等，其中以中国樱桃和甜樱桃两类品质较好，樱桃以果粒均匀、柄短核小、味甜多汁者为佳。

樱桃可鲜食，或加工成果酱、果汁、果酒、罐头。菜肴中常用其作围边装饰，也可以制甜菜，如水晶樱桃、樱桃龙眼甜汤。

6.甜橙

甜橙为芸香科植物，又称广橙、黄果。甜橙原产于我国，栽培历史悠久。甜橙皮薄而光滑、果大汁多、味甜酸可口、香气较足，维生素 C 含量大于柑橘。每年 11—12 月成熟，耐贮运。甜橙主要产于广东、广西、福建等地。根据甜橙的果形特点，可分为普通甜橙、脐橙和血橙。

橙可供鲜食，还可以制果盘、果羹，榨取果汁，用法与柑橘基本相同。由于橙皮较硬，易于成型，也可制酿式菜肴，如宫廷蟹酿橙。

7.柑橘

柑橘为芸香科植物，我国南方地区广泛种植，也是我国四大水果之一。柑橘具有产量高、品种多、分布广、耐贮存、供应时间长的特点，我国的柑橘包括柑和橘两大类，其共同特点是果味酸甜适口，橘香味浓。

柑橘上市季节从 10 月上旬可延至 12 月，柑橘除鲜食外，在烹饪中主要适用于拔丝或制作甜羹，还可用于冷盘拼摆，如拔丝橘子、水晶橘子冻。柑橘也可加工成罐头、果酱、果汁、果粉、果酒和蜜饯。

8.柠檬

柠檬又称洋柠檬，为芸香科植物，柠檬果广椭圆形，长 5～7 厘米，两端尖，表面有乳头状，表面光滑，成熟时黄色，果皮厚，密布腺点，囊瓣 8～10 瓣，具有浓烈的香气和酸味。我国广东、广西、四川、福建均有栽培，每年 10 月上市。著名品种如尤力克柠檬、里斯本柠檬、香水柠檬。新鲜柠檬果身挺实，色泽光亮，油胞饱满，芳香扑鼻。

柠檬一般不生食，大多数切片加入饮料或作菜点的配料。

9.杧果

杧果又称檬果、蜜望子，是著名的热带水果，我国台湾、广东、广西、福建、云南等地出产。其果实呈肾形，果肉味甜，有香气，汁多。杧果为鲜黄色，并带有橙黄色红晕，每年 4—6 月成熟。著名品种如夏茅香芒、红花芒等。杧果的质量以成熟度高、富有香气、肉质纤维少者为好。

杧果鲜食，烹饪中做甜菜原料和炒菜配料，还可制蜜饯、果干、果汁、罐头。

10.荔枝

荔枝又称离支、火荔，为热带果树中的珍贵果品之一。主产于广东、福建、广西、四川等地。荔枝每年六七月成熟，有“一月色变、二月变香、三月味变”之说，因此以鲜为贵。其品质以色泽鲜艳、个大均匀、肉厚质嫩、汁多味甘、富有香气、核小者为好。著名品种如糯米糍、陈紫、桂枝等。

荔枝除鲜食外，在烹饪中常制甜菜，如荔枝羹、荔枝炖莲子；还可炒、炖、烧，如荔枝烧带鱼、荔枝炒鸡球等。

11.凤梨

凤梨又称菠萝，是我国热带水果之一，主要产于广东、广西、福建、云贵南部。凤梨果实汁液丰富、香味浓烈、营养丰富。凤梨可供鲜食，食时应用淡盐水浸渍，以去除果肉皂素。西餐中用凤梨可制菠萝布丁、菠萝馅饼等菜点，中餐中可制菠萝凉拌鸡、菠萝炒鸡片、菠萝甜羹等菜式。

12.香蕉

香蕉是食用蕉类的总称，为芭蕉科植物。我国广东、广西、海南和福建等省栽培较多。主要品种有香蕉、大蕉和芭蕉。(1)香蕉。果实弯曲向上生长，皮薄黄绿色，表皮上带麻点，果肉味甜纤维少，细腻嫩滑，有浓郁香味。(2)大蕉。又称鼓槌蕉。果实较大，果肉淡黄色，坚实爽滑，味甜中带酸，无香气，偶有种子。大蕉淀粉含量丰富，生食时味不佳，常用作粮食或蔬菜食用，故又称烹食蕉。(3)芭蕉。果身近圆形而微起棱形较小。成熟时果皮鲜黄色，薄而微韧，易开裂。果肉乳白色，质地柔滑、味甜，香气一般。

香蕉可供鲜食，烹饪中香蕉适于拔丝、炸、冻等方法，如拔丝香蕉。从香蕉中提取的香蕉精，是食品加工中的名贵香料，可用于制饼干、糖果、饮料。

(二)果干类

把新鲜水果脱水干制称为果干，主要品种有以下几种。

1.红枣

红枣是鼠李科植物枣的果实。枣是我国原产的果品，分为大枣和小枣，品种很多，如山东乐陵的金丝小枣、河北沧县和山东庆云的无核枣、浙江的义乌大枣等。红枣是人们常吃的干果之一，民间也常将其用作滋补品。

枣在烹饪中以蒸、煨、炖、蜜渍为多，也可以扒、拔丝、煮等。如蜜汁红枣、拔丝小枣；还常用于配料，如红枣煨猪蹄、八宝鸡；面点中用于制枣糕、大枣糯米粥、八宝饭、粽子等，应用十分广泛。

2.乌枣

乌枣又称黑枣、熏枣，是由鲜红枣煮熏而成。其油亮乌紫、皮薄肉肥，具有熏制的香味。加工乌枣的产区主要集中在山东和河北两省，主要品种有北乡枣、南乡枣、马牙枣和河北乌枣等。

乌枣可零食，也可加工成滋补食品。在烹饪中可做甜菜或糕点的馅心，用法与红枣相同。

3.桂圆肉

桂圆是无患子科植物龙眼的果实干燥制成。干品红褐色，味甜幽香，食用价值和药用价值很高，是我国的特产。以福建、台湾、广西和广东为主要产区，主要品种有兴化桂圆、广西桂圆、漳州桂圆、石硖桂圆等。

桂圆肉为滋补果品，烹饪中宜于蒸、炖，也可作各式糕点的馅心，制成的菜肴如桂圆淮山炖乳鸽、桂圆炖鸡等。

4.葡萄干

葡萄干是葡萄科植物葡萄的干制品。葡萄干主要产于新疆，其次是山西省和河北省的部分山区。葡萄干可分为白葡萄干和红葡萄干两类。白葡萄干是用新疆的无核白葡萄加工而成，无核、粒大，肉质细腻味甜美，为葡萄干中的上品。红葡萄干分为有核和无核两种。无核品种产于新疆、皮紫红或红，是用红葡萄风干或白葡萄在地上晾干制成的，肉质较软；有核的产于山西，皮色紫红，用黑鸡心葡萄加工而成，肉质较硬、味酸。

葡萄干的烹饪中应用较广，常用作面食的点缀或糕点的馅心，也用于八宝饭的制作。有的菜肴中也用葡萄干作配料，如葡萄干焖鹧鸪。

（三）干果

以植物的核仁和种子加工而成的果品主要品种有以下几种。

1.白果

白果是银杏科植物银杏的种仁。银杏树又称白果树、公孙树，我国北自辽宁、南至广东、西起甘肃、东到舟山群岛均有栽培。

白果食其种仁，可炒、烤、煮或拔丝，既可用作菜肴的主料，也可用作配料，如拔丝白果、蜜汁白果、白果炒鸡丁，还常用于面点原料。

2.松子

松子又称海松子、新罗松子，是松科植物红松的种子，其种仁称为松仁。

松仁在烹饪中应用广泛，可用于烧、炒、炸、煮等方法，如松仁烧香菇、松仁玉米羹、松子鳝鱼；可制作肉肠制品，如松仁小肚、松仁火腿；可制作糕点、糖果的配料或馅料。

3.香榧子

香榧子是红豆杉科植物香榧的种子。香榧树是我国特有的树种，其种子为核果状，外被假果皮，果仁是世界上稀有干果之一，古称赤果、玉山果。香榧子主要产于我国东南地区，以浙江和安徽为主。

香榧子脂肪含量丰富，去除种皮食其种仁，味道甘香脆美。烹饪中可作为菜肴的配料、糕点的配料、茶酒点心。如香榧焖鸡脯。

4.核桃仁

核桃仁是胡桃科植物胡桃的种仁，我国栽培历史悠久。种仁富含脂肪、蛋白质、钙、磷、铁和多种维生素，营养价值很高，被称为健脑食物。

核桃仁在烹饪中适用于酱汁、炒、扒、炝、爆、蒸等烹调方法。如桃仁鸡丁、琥珀桃仁。还可用作糕点的配料、馅料及制糖果，或制炒货用作茶酒点心。

5.腰果仁

腰果仁为漆树科植物腰果树的种仁。腰果是世界著名四大干果之一。主要产于非洲的莫桑比克、坦桑尼亚、肯尼亚及巴西、印度等国。目前我国主要在广东、海南、云南、福建及台湾等地种植。

腰果仁色泽乳白，呈肾形，有清香味，油炸后有浓郁的香味。烹饪中常用炒、爆、炸等法，广泛应用于作配料和冷菜，如腰果鸡丁、炸腰果。腰果仁还可以盐渍、蜜饯，或用于制作糖果、巧克力。

6.板栗

板栗是山毛榉科植物板栗的坚果，原产于我国，现全国各地均有栽培。一般将板栗分为南方栗和北方栗。南方栗粒形大，种皮稍难剥离，子叶含糖量较低，淀粉含量较高，适于烹制菜肴;北方栗粒形小，种皮易剥离，子叶蛋白质与糖分的含量较高，淀粉含量较低，适于炒食。板栗肉质细腻、甜味浓厚、富有糯性，在烹饪中运用十分广泛，适于烧、煨、炒、炖、扒、焖、煮等烹调方法，咸甜均可。多用作菜肴的配料，如栗子烧鸡、栗子细焖羊肉、栗子炒冬菇等。板栗磨粉可制作各种糕点，糖炒栗子则是闻名中外的炒货。

7.榛子

榛子是桦木科植物榛的种子。主要产于我国的内蒙古、黑龙江、吉林、辽宁、河北等省，为我国特产，世界四大干果之一。榛子的主要品种是榛和毛榛，以吉林和辽宁所产的壳薄、仁肉饱满的毛榛质量为好。榛叶香，富含脂肪，可榨油、炒食，也可做配料和点心。

8.花生仁

花生仁也叫仁果、长生果。花生去壳即成花生仁，味香而脆，以黄河下游最多。烹饪中运用较广，可以直接水煮、炒、油炸、挂霜，也可以做配料、香料。

9.杏仁

杏仁主要产于河北、新疆、山东、山西、陕西、内蒙古、甘肃、辽宁等地。杏仁分为甜杏仁和苦杏仁两类。烹饪上一般用甜杏仁，作菜肴的配料、香料或点心。

10.橄榄仁

橄榄仁是乌榄的核仁，主要产于广东、广西两省，可作糕点馅心，也可炒食。

11.芝麻

芝麻又名脂麻、胡麻、油麻。原产于非洲，现我国各地均有栽培。芝麻分为白色、黄色、黑色等品种，主要用于榨油，其味特香，又叫“香油”，也可在烹饪上用作香料，制点心。

(四)蜜饯果脯类

1.果脯

果脯是将鲜果去皮、核，放入适量水的锅中，然后放砂糖熬制，待糖汁浓缩后，经干燥而成，主要品种有桃脯、杏脯、梨脯、苹果脯等。果脯在烹饪中主要用于甜菜制作和面点的馅心或点缀。

2.蜜饯

蜜饯是将水果放入适量水的锅中加砂糖熬浓，连汁一起倒入容器中即成。蜜饯品种很多，如蜜饯红果、蜜饯海棠、蜜饯京梨等。蜜饯在烹饪中的用途与果脯相同。

第五节　干货制品

干货制品又称干货或干料，是由各种动植物鲜活原料经过脱水加工而成的一类烹饪原料。

一、海味类干货

海味类干货是用海产动植物干制而成的一类烹饪原料，品种数以百计，其中鱼翅、海参、干贝、紫菜等尤为名贵且产量较多，是餐饮业常用的海味干货。

（一）鱼翅

鱼翅是用鲨鱼、鳐鱼、银鲛鱼等软骨鱼类的鳍干制而成。主要以鳍中的软骨（俗称翅筋或翅针）供食。按鱼鳍的部位分类，可分为背翅、胸翅、臀翅、尾翅，以背鳍品质最佳。

鱼翅入馔，以烧、扒为主，也可蒸、煨、炖、烩，调味适应面多，可出多种味型。中国名菜有北京的砂锅通天鱼翅、谭家菜的黄焖鱼翅、广东的红烧大群翅、山东的红扒鱼翅、福建的荷包鱼翅等。

（二）海参

海参是棘皮动物门海参纲动物的统称，中国沿海均出产。中国南海沿岸种类最多，渤海、黄海产的品质最好。常见品种有刺参、梅花参、方刺参、黄玉参等，以梅花海参最为名贵。

海参为无味之物，以其肉质细嫩、富有弹性、爽利滑润的滋感取胜，烹制时需借助鲜味原料增鲜。烹制时以烧、扒、焖、蒸为主，也可煮、煨和做汤。中国名菜有葱烧海参、红焖海参、家常海参、鸡米海参、灯笼海参、扒瓤海参、清汤蝴蝶海参等。

（三）干贝

干贝是软体动物门瓣腮纲动物的闭壳肌干制品的统称，又称江瑶柱。因提取不易，故其价格昂贵，其味道特别鲜美，有“海味极品”之誉。

干贝呈短圆柱形，肌纤维纵向排列，质地坚硬，呈淡黄色至深黄色。多与其他原料配用增鲜，名菜有山东的绣球干贝、芙蓉干贝、桂花干贝、干贝冬瓜球，广东的瑶柱蒸水蛋，北京的干贝炒芹菜等。

（四）紫菜

紫菜又称子菜、索菜、膜菜。是采收新鲜紫菜经漂洗晒干制成，沿海均有出产。紫菜种类较多，主要有坛紫菜、圆紫菜、皱紫菜、甘紫菜等品种。

紫菜具有特殊的鲜香气味，脆嫩爽口。入馔既可作主配料，又可作调味料，配色料或包卷料，拌、炝、蒸、煮、烧、炸、汆汤皆可，名菜有紫菜汆鱼、紫菜鱼卷、五色紫菜汤、三丝紫菜等。

二、陆生类干货

陆生类干货是用各种畜、禽、野味、蔬菜等鲜活原料干制而成，多数属于山珍，品种很多，其中驼峰、驼蹄、板鸭、哈士蟆油、香菇、猴头蘑、竹荪、冬虫夏草等较为名贵。

（一）驼峰

驼峰又称肉鞍、骆驼脂，是骆驼的营养储存器。驼峰由胶质脂肪构成，质地柔嫩丰润，似脂肪而不腻滞，似胶质而致密。雌峰和雄峰有所区别，雄峰又称甲峰，肉质发红，呈半透明，质地较嫩，为上品。雌峰又称乙峰，白而发滞，质地较老，品质较差。

驼峰入馔，适于炒、爆、烧、炸、蒸、扒、炖、煮等多种技法，因其自身无显味，烹制前须与鸡、肉、火腿、干贝等同煨以辅味，成菜可作筵席大菜。名菜有青海的猴头驼峰、宁夏的清炒驼峰丝、甘肃的油爆驼峰、吉林的白扒驼峰、北京的金华扒驼峰、广东的鹅掌扒驼峰等。

（二）蛤士蟆油

蛤士蟆油又称田鸡油、蛤蟆油、雪蛤膏。是雌性中国林蛙的卵巢和输卵管外所附的脂肪，呈不规则的块状，黄白色，有脂肪样光泽，手感滑腻，以块大、肥厚、不带血膜及杂质者为上品。主产于东北地区，以吉林产的最为著名。

蛤士蟆油入馔，宜用蒸、炖、煨、烩、汆等技法，调味可甜可咸。甜品菜如冰糖田鸡油等，可配莲子、百合、银耳、西米等，调以玫瑰、桂花等芳香料，咸品菜如鸡茸哈士蟆油、清汤蛤士蟆油等，须用高级鲜汤佐助。

（三）香菇

古称合蕈，又称香菌、冬菇。是一种含特异芳香物质鸟嘌呤的食用菌，有“菌中皇后”之美誉。春、秋、冬三季生长在麻栎、毛榉、赤杨、枫香等倒木上，其中以檀香树上所产者香味最浓。按产期分冬菇和春菇，以冬季出产的为佳。按其品质分类，可分为花菇、厚菇、薄菇和菇丁四种，花菇为上品。

香菇是素食的名贵原料，也可用于配制荤菜。适宜于卤、拌、炝、炒、烩、炸、烧、炖等多种烹调技法。中国名菜有半月沉江、红娘自配、佛跳墙、香菇鸡、花菇无黄蛋、卤香菇、烧双冬、清炖冬菇汤等。

（四）竹荪

竹荪又称竹笙、网纱菌、竹鸡蛋等。常于夏秋季节散生或群生于海拔 200～1500 米湿热地区的楠竹、平竹、苦竹等多种竹林下落叶层，以及橡胶林下的腐土上，主产于中国的云南、四川、广东、广西、福建等地。品种有长裙竹荪、短裙竹荪、红托竹荪三种。菌体呈笔状，顶部有钟状菌盖，菌盖下有白色网状苗幕，下垂如裙，有多角形网眼。菌托球形，白色或粉红色。

竹荪有“菌中皇后、山珍之王”的美称。是珍贵的烹饪原料，多作名菜，最宜作汤，也可烧、酿、扒、焖，著名菜品有竹荪芙蓉汤、竹荪响螺汤、竹荪汽锅鸡、竹荪扒凤燕、红焖竹荪等。

（五）猴头蘑

猴头蘑又称刺猬菌、对脸蘑，因子实体形似猴头而得名。子实体为肉质块状，基部狭窄、色白，干燥后呈淡褐色。除基部外，均密生肉质刺针体，子实体生于刺上。有野生和人工栽培两种，野生者质量较好，主产于黑龙江、吉林、河南、四川、云南等地海拔2000～3000米高的山林区，新疆、内蒙古、河北、山西、浙江、广西、甘肃、湖北、福建等地也有少量分布。现已进行人工栽培。野生猴头与海参、燕窝、熊掌齐名。

猴头有鲜品和干品之分，野生者以干品为多。烹调时以扒、烧、炖、烩为主，也可蒸、炒、煨、焖。既可作主料单独成菜，也可与其他原料配用，荤素皆宜。名菜有白扒猴头、云片猴头、玉珠猴头、芙蓉猴头、猴头菇炖飞龙、猴头扒菜心等，具有鲜嫩爽滑的特点。

(六)霉干菜

霉干菜是用芥菜或雪里蕻腌制的干菜，又称干菜、梅菜、梅干菜。主要产于浙江绍兴、萧山、桐乡等地和广东惠阳一带。浙江产的是以细叶或阔叶雪里蕻腌制，广东产则以一种变种芥菜腌制。

霉干菜在腌制过程中，经过短时间发酵，使雪里蕻或芥菜中所含的芥子甙水解成具有香味的芥子油，因而形成一种特有的鲜香气味。质量好的霉干菜含水量18%左右，色黄亮、粗壮柔软，大小均匀，菜形完整。烹饪应用可以蒸、炒、烧或做汤，最宜与肉类配用，菜香肉味互相渗透、油而不腻，鲜、香、糯、软。也可以与豆干、面筋、毛豆、豆腐等配用。著名菜品梅菜扣肉、梅菜烧面筋、梅菜炖豆腐等。

第六节　调味品

一、调味品的分类

调味品是在烹饪过程中用于调和食物口味的一类原料的统称。我国的调味品总数有600多种，品种之多，应用之广均居世界首位。

(1)按形态分，可分为液状、油状、粉状、酱状、膏状、稀糊状六类。

(2)按商品种类分，可分为酿造类、腌菜类、鲜菜类、干货类、水产类和其他类六类。

(3)按味别分，可分为咸味调料、甜味调料、酸味调料、麻辣味调料、鲜味调料、香味调料和其他调味料七类。

二、调味品的主要品种

(一)酱

酱是咸味调味品，以大豆或麦面、米、蚕豆等经蒸罨发酵、加盐、水调制的糊状物。中国先秦时期已有豆酱、面酱。后来逐渐传至东南亚诸国。现代的酱有豆酱、面酱、蚕豆酱三大类。

豆酱又称黄酱、老胚酱、大酱、京酱。以黄豆或黑大豆为原料制成，也可加米、麦子或面粉一同制作。著名产品有广西桂林豆酱、云南昭通酱、陕西黄樱黄酱、广东普宁豆酱等。南方菜点多用豆酱调味。

面酱又称甜面酱、甜酱、金酱，以面粉为原料制成。著名产品有江苏巴山酱、济南甜面酱、保定面酱、山西面酱等。呈黄褐色或棕红色，鲜艳有光泽，有酱香和酯香味，主要用于酱烧菜、酱炒菜、腌制菜、葱酱碟等，如烤鸭和香酥鸭等均需佐以葱酱碟。

蚕豆酱主要产于四川，是以蚕豆和盐为原料，经发酵制成。呈棕红色、油润、有光泽、有酱香和酯香味，酥软化渣，略有辣味，主要用于带辣味的炒菜、水煮菜和火锅等。

此外，自古以来还将若干制成糊状的调味品称为酱，如古代的鱼酱、榆酱、芍药酱，现代的虾酱、芝麻酱、花生酱、柱侯酱、磨豉酱、沙茶酱、梅子酱、奇妙酱等，皆以独特的风味用于烹饪，或入锅烹调，或上餐桌佐餐。

（二）豆腐乳

豆腐乳是以大豆为原料，经过磨浆、成坯、长霉、腌坯、发酵而成的一种块状带卤的调味品，是我国的酿造特产，已有1000多年的历史。豆腐乳品种繁多，根据工艺特点的不同，可分为酱豆腐和臭豆腐两大类。酱豆腐又称酱腐乳，北方的多为红色或枣红色，南方的一般为乳黄色，内部呈杏黄色。臭豆腐又称臭豆腐乳为豆青色。

豆腐乳滋味鲜美，咸淡适口，醇香浓郁，质地细腻柔糯，既可佐餐，又可调制菜点。

（三）蚝油

蚝油属于鲜味调味品，用牡蛎汁制成，因广东称牡蛎为蚝而得名。主产于广东，其他沿海地区也有。因调味不同可分为淡味蚝油和咸味蚝油两种。含有多种氨基酸，有与牡蛎相近的营养价值。质量好的蚝油呈稀糊状，无渣粒杂质，红褐至棕褐色，鲜艳而有光泽，味道鲜美醇厚而微甜，入口有似油脂般的润滑感。

蚝油用途十分广泛，可调制很多菜品。如蚝油牛肉、蚝油出骨鸡、蚝油滑鸡片、蚝油扒广肚、蚝油豆腐、蚝油网鲍片、蚝油鸭掌等，也可用于味碟蘸食白切鸡、萝卜糕、白肉及拌面等。

（四）虾油

虾油是鲜味调味品，多数是用腌制虾酱的副产品加工而成，是被盐水置换出的虾体中的营养液，具有浓郁的虾鲜味。东北、河北、江苏、山东、广东等沿海地区皆产，其中以东北、河北、江苏产的较好。东北和河北产的色泽金黄纯净，油质浓稠。江苏产的颜色紫嫩，油质清纯。

虾油可用于调拌凉菜，尤宜于芹菜，香而鲜美。也可用于烧、炒和做汤，又是涮羊肉必备调料之一。

（五）菌油

菌油是鲜味调味品，用鲜菌和植物油炼制而成。主产于湖南和江苏等地。如湖南长沙九如斋所产的菌油，是用著名特产寒菌制成，又称寒菌油。

菌油味道鲜美隽永，润滑香醇，菌肉脆嫩，用于制作菜肴，为湘菜特色之一。著名菜品如菌油煎鱼饼、菌油烧豆腐等。也可用于拌面条、米粉和调汤。

（六）辣酱油

辣酱油原为西餐使用的一种调味品，因其色泽风味与酱油接近，所以称为辣酱油。其主要成分有海带、西红柿、辣椒、葱头、砂糖、盐、胡椒、大蒜、陈皮、豆蓉、丁香、茴香、糖色、冰醋等。优质辣酱油为深棕色流体，无杂质、无沉淀物、口味浓香、酸辣微甜各味协和。

目前我国各大城市均产，其中以香港李派林牌辣酱油和上海梅林牌辣酱油为最优。辣酱油用途广泛，既可用于热菜烹调时调味，更广泛地用于佐食煮制的鱼、虾、肉、鸡类菜品，是餐桌常备的佐料之一，在中餐中应用日渐增多。

（七）食醋

古称醯，又称醋。以粮食、果实等含有淀粉、糖类的原料，经微生物发酵的一种酸性液体调味品。其主要成分是醋酸、氨基酸、糖等。

食醋包括酿造醋和人工合成醋两大类。酿造醋有米醋、酒醋、麸醋等，其中以米醋质量最佳。著名品种有山西老陈醋、镇江香醋、浙江玫瑰米醋、福建永春米醋、四川保宁醋等。人工合成醋是用食用冰醋酸加水和食用色素配制而成，其醋酸含量高于酿造醋，酸味大，无香味，多数无色，常用于白色菜品。香醋是以糯米、麸皮为原料酿制而成，以浙江金山牌香醋最著名，其特点是深褐色有光泽，香味芬芳，口味酸而微甜。熏醋是以高粱为主要原料，以麸皮和谷糠为辅料酿造后，再经加料熏焙而成。其特点是醋色黑褐，挥发性酸味小，上口酸而柔和，以山西产的最为著名。米醋是以大米为原料酿制而成，其特点是香气纯正，口味酸而醇和、色红透明、略带鲜甜味。主要产于浙江，由于色呈玫瑰红色，又称玫瑰米醋或大红浙醋。

醋在调味中用途广泛，可以去除腥味，解除腻味、增加酸味、香味和鲜味，是许多复合味型中的重要调料，如糖醋味、荔枝味、酸辣味、家常味等。又是餐桌佐餐常备调料之一，虾、蟹、鱼、肉及水饺、面条等蘸醋食之更显鲜香。

（八）柠檬酸

柠檬酸又称柠檬精、枸橼酸。是无色半透明结晶或白色颗粒，也有呈白色结晶性粉末的，无臭、味极酸。广泛分布于柠檬、柑橘、草莓等水果中，因最初由柠檬汁中分离制取而得名，现在工业上由糖质原料发酵或其他合成法制取。

柠檬酸是所有的有机酸中酸味最缓和的又比较适口的酸味剂。在烹调中可起到保香、增香、添酸等作用，使菜中产生特殊风味，如珊瑚雪莲、柠檬鸡柳等。使用时应注意先用水溶解后再加入菜中。

（九）胡椒

胡椒是香辣味调味品。原产于亚洲热带，我国海南岛和云南西双版纳所产为好。胡椒有黑白之分，黑胡椒是在果穗基部的果实开始变红时，剪下果穗，用沸水浸泡到皮色发黑，晒干或烘干而成，白胡椒是在全果均已变色时采收，用水浸渍数天，擦去外果皮、晒干，使表面呈灰白色而成。黑胡椒以粒大饱满、色黑、皮皱、气味强烈者为佳；白胡椒以个大粒圆、坚实、色白、气味强烈者为佳。

胡椒中主要含有胡椒碱、胡椒脂碱、挥发油等成分。可以粒状用于炖、煮菜品，也可以碾碎用于煸炒菜品，最常用的是研成粉状，用于腌料、拌馅、调汤等，三者均可以发挥提味、增香、除去异味的作用，其辣味不像辣椒那样烈并具有特殊的芳香。是餐桌上常备的佐料之一。

（十）芥末粉

芥末粉是一种冲味浓烈的香辛调味品，是用芥菜子干燥后研磨的一种粉状调味料。有淡黄、深黄之分。我国各地均产，以河南、安徽产量较多。质量以油性大、辣味足、有香气、无异味者为佳。

芥末粉一般要先加水调成糊状后使用，主要用于拌制凉菜，如芥末鸭掌、芥末肘子、芥末什锦等，可起到提味和刺激食欲的作用。

现在市场上也有芥末油、芥末膏等销售，是芥末的制成品，使用比较方便。还有辣根粉，是用山嵛菜的块根研磨而成，与芥末相似，但更细软，以日本产的最好。是生吃龙虾、生吃鱼片的主要调味品。

复习思考题

一、选择题

1.烹饪原料的基本属性是安全性、营养性和(　)。

A.文化性、食用性　　B.卫生性、食用性

C.卫生性、应用性　　D.文化性、应用性

2.按原料本身性质分类的是(　)。

A.人工合成原料　B.人工配制原料

C.人工调制原料　D.人工腌制原料

3.原料按加工状态不同可分为鲜活原料、复制品原料和(　)。

A.水发原料　B.乳品原料　C.干货原料　D.腌制原料

4.鳜鱼肉质弹性较强，色泽洁白，(　)，鱼刺较少，出肉率高。

A.软嫩鲜美　B.脆嫩鲜美 C.细嫩鲜美　D. 滑嫩鲜美

5.辣味调料可分为香辣和辛辣两种，下列属香辣调味品的原料有(　)。

A.胡椒粉　B.辣粉　C.芥末　D.咖喱

6. 属于果菜类蔬菜原料的是(　)。

A.洋葱　B.蕹菜　C.菠菜　D.苦瓜

7. 百味之首的调料是(　)。

A.辣椒　B.香醋　C.味精　D.食盐

8.干果有花生、腰果、榛子和(　)等。

A.红枣　B.桂圆　C.荔枝　D.核桃

二、简答题

1.烹饪原料的可食性有哪些含义？

2.烹饪原料有哪几种分类方法？各种分法如何分类？

3.我国有哪些优质畜禽原料？用它们烹制的名菜特点有哪些？

4.水产品包括哪几类？我国的名优特水产品有哪些？

5.比较特殊的蔬菜有哪些品种？各有什么特点？制成的名肴有哪些？

6.常用的干货类制品有哪些？各有什么特点？

7.常用的调味品有哪些？各有什么特点？

三、案例分析

客人点要的白切鸡为何被退单？

小王是某校中式烹调专业的实习学生。一天，某客人到该餐厅就餐，点了一份“白切鸡”，

小王马上从冰箱取出一只冰冻的光公鸡，洗净后放入开水锅中中火加热20分钟，取出后，随手用手布擦干表面的水分，抹上熟油，斩件后上给了客人，不久，客人就因质量的原因退菜了。试分析，小王在操作这道菜肴时存在哪些失误？

评析：

小王在操作这道菜肴时存在明显的失误，主要有：

1.选料失误："白切鸡"应选用鲜活的、质地肥嫩的仔母鸡，冰冻鸡不能选用。

2.操作不当：制作"白切鸡"应该用"虾眼水"浸煮至仅熟的火候，而小王操作时所用火力过大，加热时间过长，造成成品口感粗老、渣口。

3.不符合卫生：鸡加热成熟后没有及时放入冷开水浸泡，没有达到清凉爽口、皮脆肉嫩的质量要求。随手用手布擦干表面的水分，不符合卫生要求。

第三章 烹饪原料成型与配菜

第三章 [illegible]

【学习目标】

了解原料的成型规格；

熟悉配菜的作用和方法；

明确菜品命名的原则和一般规律；

掌握菜品的命名方法。

【内容提要】

◇原料成型一般形状：块、段、片、丝、条、丁、粒、末、茸泥、球。

◇刀工美化形状：小型花刀、整料剞花。

◇配菜的概念和作用。

◇配菜的基本方法：一般菜的配菜、花色菜的配菜。

◇菜品命名的基本原则和一般规律。

◇菜品命名的方法：写实性命名法、寓意性命名法。

◇案例分析：一个农民老伯就餐的经历。

第一节　原料成型

原料成型指各种烹饪原料经过刀工处理后呈现的各种形状，通常是运用刀功刀法来完成，其作用是使烹饪原料便于烹调，便于入味，增进美观。分为一般形状和刀工美化成型两大类。

一、一般形状

所谓一般形状，即指运用直刀法、斜刀法、平刀法中的某一种刀法加工而成的原料形状，常见的有块、段、片、条、丝、丁、粒、末、茸泥、球等形状的手工工艺。

(一)块

块一般是采用直刀法中的切、砍、剁等刀法加工而成。凡质地松软、脆嫩无骨、无冻的原料可采用切的方法，质地坚硬、带皮带骨或有严重冰冻的原料则需用剁(斩)或砍(劈)的方法加工成块。块的形状刀工要求：大小整齐、均匀。在加工时，如原料的本身形态较小，可根据其自然的形态直接加工成块；如形态较大的原料，则应根据所需规格先加工成段或条，再改刀成块。块的种类很多，常见的有以下几种：

1.象眼块

象眼块又称菱形块。因其形状与象眼相似，又和几何图形中的菱形几乎一样，故名。一般大块的象眼块边长为 4 厘米，厚(高)为 1.5 厘米；小块边长约 2.5 厘米，高 1 厘米。多用于形状比较规则、平整的原料，可用于冷拼，如将酱牛肉、熟鸭脯、蛋白糕、蛋黄糕、面包等原料加工成菱形。

2.长方块

长方块因其形状如骨牌，故又名骨牌块。一般长方块的长约 4 厘米，宽约 2.5 厘米，厚约 2 厘米。可把多种原料加工成块，但多用作鱼、排骨等原料。

3.大小方块

大小方块均呈正方体形。边长 3.3 厘米以上的称为大方块；3.3 厘米以下的称为小方块。可将各种原料加工成块型，如鸡块、鱼块。

4.大小滚料块

因用滚料切的刀法加工而成，故名。多适用于呈圆柱形的原料，如土豆、茄子、茭白、竹笋等。加工时须先在原料的一头斜切一刀，然后将原料向里滚动至一定程度再切一刀，这样边滚动原料边切，切出来的块即为滚料块，滚动的幅度小即为小滚料块，也称梳背块。

5.劈柴块

因其形状、长短、厚薄不一如做饭用的劈柴，故名。主要用于纤维组织较多的茎菜类蔬菜，如冬笋块、茭白块等。这种块形可使原料纤维组织疏松，烹调时易于入味，入口鲜嫩。加工方法是先将原料片成一定厚度的大片，再用刀身将原料拍松，然后用切或撕的方法改成一定长度的块。

6.瓦形块

形似中国旧式小瓦的块形，有正斜刀法产生，常用于熘瓦块鱼、熏鱼的块形，宽度两端形成弓形弧度，长不超过 5～6 厘米。

(二)段

在刀法的运用中，段可用直刀法和斜刀法产生，因此，在形态上段可分为斜刀段与直刀段两种。

1.斜刀段

运用斜刀法加工的段，多用于葱、蒜等管状蔬菜。运用反斜刀法加工的段，叫“雀舌段”，用于炒、爆菜的辅料料型。

2.直刀段

运用直刀法加工成的段，多用于柱形蔬菜和鱼。在多数情况下，直刀段可再加工成更小料形，一般用法与块同。

(三)片

片一般运用切、片、削等刀法加工而成。蔬菜类、瓜果类原料一般采用直切，韧性原料一般采用推切、拉切的方法。质地坚硬或松软易碎的原料可采用锯切的方法，薄而扁平的原料则应采用片的方法等，总之，必须根据原料的性能确定相应刀法切片。

1.象眼片

象眼片也称菱形片，形如象眼块，但比象眼块薄。一般多适宜于脆嫩的根茎、瓜类蔬菜。

多采用切、片的刀法加工而成。有大小象眼片之分：一般象眼片的长对角线约 5 厘米，而短对角线约 2 厘米，厚约 0.2 厘米。

2.月牙片

片呈半圆形，似月牙，故名。多适用于长圆柱形原料，如黄瓜、胡萝卜、莴苣等。加工方法试先将原料顺长切为两半，再直刀切成半圆形的片。

3.柳叶片

片窄长而薄，形似柳叶，故名。多适用于圆柱形原料，如黄瓜、胡萝卜、笋尖等原料。一般采用削的方法加工而成，也可将原料顺长从中间切开，再斜切成柳叶片。

4.夹刀片

即一端切开成两片，另一端连在一起的片，叫作夹刀片。主要适宜于某些动植物性原料，如鱼、藕、茄子等。加工方法是切第一片原料时不要切断，使片的另一端相连，切第二片时再切断原料，即成为两片一端相连的夹刀片。

5.磨刀片

因加工此片时用刀自左向右像磨刀一样，一刀一刀地片下去，故名。主要适宜于圆柱形的原料。加工方法是将原料顺长一切两半，再采用反刀片的方法加工而成。

6.长方片

形似长方块，但薄，也称骨牌片。多适宜于根茎类、某些瓜类蔬菜以及鱼类、肉类制品，如黄瓜、土豆、草鱼肉、猪肚等。一般先将原料按规格加工成段、条、块，再用相应的刀法加工而成。

(四)丝

切丝时要把原料加工成片形，然后再切成丝。切时要将片排成瓦楞形或整齐地堆叠起来。前法适用于大部分原料，效果也较好；后法因堆叠过高，切到最后手按物不稳，容易倒塌。另外，某些片形较大、较薄的原料，如青菜叶、鸡蛋皮等，可先将其卷成筒状，然后再用顶刀切成丝。

丝有粗细之分，性质韧而坚的原料，可以加工得细一些。丝的粗细主要决定于片的厚薄，丝要细首先片要薄。因此，在加工片时，就应考虑丝的粗细而加工成适宜的厚度，丝的长度一般以 4.5 厘米左右为宜，切丝时要注意以下几点：

(1)加工片时要注意厚薄均匀，切丝时要切的长短一致，粗细均匀。

(2)原料加工成片后不论采取哪种排列法都要排叠整齐，且不能叠得过高。

(3)左手要把原料按稳，切时原料不要滑动，这样才能使切出来的丝宽窄一致。

(4)切丝要根据原料的性质而决定使顺切、横切或斜切。例如，牛肉纤维较长且肌肉中韧带较多，应当横切；猪肉比牛肉嫩，筋较细，应斜切或顺切；鸡肉、猪里脊肉等质地很嫩，必须顺切，否则烹调时易碎。

按成形的粗细，丝一般可分为黄豆芽丝、绿豆芽丝、火柴梗丝和棉纱细丝，根据烹调方法与原料性质的不同在实践中应加以灵活选择运用，如鱼丝通常加工成黄豆芽状，而猪、牛肉丝为火柴梗状等。

(五)条

条状一般适用于无骨的动物性原料或植物性原料，其成型同丝，只是比丝粗些，适合于烧、焖、炸等烹调方法。条的粗细也取决于片的厚薄，两头应呈正方形，一般可分为筷梗条、小指条、大指条三种。

（六）丁、粒、末

⑴丁：是小的方形块，大于粒末，其大小根据烹调的要求和原料的情况而定，改刀时丁的大小取决于条的粗细，成形方法是在条的基础上切成丁。种类可分为手指丁、小指丁、菱形丁、筷子丁、豌豆丁等。

⑵粒：粒是比丁小的一种形状，大的如绿豆，小的和小米相仿。成形方法基本上与丁相同，粒的大小取决于丝的粗细。

⑶末：末的大小略小于小米粒，是一种不规则的形状一般是剁碎作配料或馅心用的，如葱姜末、蒜末、火腿末等。

丁、粒、末大致相似，只是大小有别，原料一般是韧性无骨或脆性的原料。

（七）茸泥

茸泥是极为细腻的原料形状，一般来说，动物性原料加工到最细状态为茸；植物性原料加工到最细状态为泥。

茸泥一般是采用排剁方法加工而成的：动物性原料在制茸前要去皮、去骨、去除筋膜。虾、鸡、鱼这几种原料纤维细嫩，质地松软，加工时可采用刀背拍松，抽去暗筋或明骨，然后用刀刃稍拍剁几下即成。植物性原料在制泥前一般要经过初步热处理，含淀粉高的植物性原料要先将原料煮熟去皮，然后用刀膛按塌成泥状，如土豆泥。有时为提高工作效率，可用粉碎机制作茸泥。

（八）球

球形形状，一般有两种成形方法：一种是用手工制作成形（如鱼丸、肉丸等），即先将原料加工成泥茸状，再用手工挤捏成形。另一种是用刀具加工而成，可先将原料加工成大方丁，然后再削修成圆状；也可用半圆形的不锈钢模具加工而成，如西瓜球、冬瓜球。

（九）常用葱、姜、蒜的刀工处理

1.葱

是爆锅的一种主要原料，它的形状取决于烹调方法和原料品种的不同。一般可分为以下几种：

(1)葱段：长3～5厘米，用作炖、焖、烧、蒸等烹调方法。

(2)指段葱：长约1.5厘米，适宜于炸熘、烧熘、爆炒等烹调方法。

(3)豆瓣葱：长约0.7厘米跟豆瓣相似，多用于熘菜。

(4)雀舌葱：采用反斜刀法加工而成，多用于爆、炒菜肴。

(5)葱丝：有直丝和斜丝的，可用于蒸、煎、干炒等烹调方法。

(6)葱花、葱末：用于炒、作馅心丸子用。

(7)葱汁：一般用于高档细腻菜肴的烹制，与姜汁同用。

2.姜

(1)姜块、姜片：一般用作炖、煮、焖、烧、蒸等烹调方法。

(2)姜丝：用途同葱丝。

(3)姜米：用途同葱米。

(4)姜汁:用途同葱汁。

3.蒜

(1)蒜瓣:用于加热时间较长的菜肴。

(2)蒜片:一般熘、爆、炒、烩、烧、扒等烹调方法都有。

(3)蒜泥:多用于凉菜的制作。

二、刀工美化成型

原料美化成型的刀法是运用不同的刀法加工原料,使原料在加热以后形成各种优美形状的手工技艺。这种刀法较为复杂,技术难度也较高,需要经过不断实践才能领会并掌握。

(一)小型花刀

1.麦穗花刀

加工技法:(1)持刀用斜刀推剞出若干条平行刀纹(倾斜角度约为 40°),进刀深度为原料厚度的 2/3。(2)再将原料转一个角度,用直刀推剞出若干条与斜刀纹相交成 90°的平行刀纹(进刀深度为 2/3)。(3)将剞好花刀的原料改刀成长方条,经加热卷曲即成麦穗形。

技术要求 :(1)剞花刀时刀距、进刀深度、倾斜角度要均匀一致。(2)斜刀的倾斜角度可根据原料的厚薄灵活掌握,倾斜角度越小,麦穗的外形越长。(3)剞花刀后改块的大小要均匀。

适用范围:适用于肌纤维平面排列的原料,常用于炒、爆、熘类菜肴,如“炒鱿鱼卷”“酱爆腰花”等。

2.荔枝花刀

加工技法:(1)先侧用直刀推剞出若干条平行刀纹(进刀深度为 4/5)。(2)将原料转一个角度,仍用直刀推剞出与先前刀纹相交成 90°的若干条平行刀纹,深度相同。(3)将剞好的原料改刀成菱形或等边三角形块,前者受热后对角卷曲,后者三面卷曲成荔枝形。

也有一种说法是剞法与麦穗花刀相同,只是原料成形成象眼块,加热后即卷曲成荔枝形状。

技术要求:刀距、进刀深度及改块大小都要均匀一致。

适用范围:适用于肌纤维呈立体排列的原料(鱿鱼不宜),常用于炒、爆、熘类菜肴,如“炒虾腰”“芫爆鸡肫”等。

3.鱼鳃花刀(又名眉毛花刀)

加工技法:(1)先用直刀顺长推剞出若干条平行刀纹(进刀深度为 4/5)。(2)再将原料转动 90°,然后第一刀用斜刀拉剞上深度为 3/5 的刀纹,第二刀用斜刀拉片的方法将原料断开成连刀片,加热后即成鱼鳃片。

技术要求:刀距要均匀,片形大小要一致。

适用范围:适用于白灼、炝、炒、氽类菜肴,如“酸菜鱼鳃腰片”“蒜茸炝腰片”“香菜腰片汤”等。

4.梳子花刀

加工技法:(1)先用直刀剞出一条条平行刀纹。深度为原料的 2/3,刀距为 0.2~0.3 厘米。(2)将原料转一角度,用直刀将原料切成片,如原料较薄可斜片成片。

5.锯齿型花刀

加工方法:(1)先用斜刀推剞的刀法剞上若干条平行刀纹，深度为原料的4/5，刀距为0.3厘米。(2)将原料转一角度，顶着刀纹切断即成。

6.菊花形花刀

加工方法:分为A、B两种方法。A.先将原料的一端斜片成4～5片一条条平行的片，但不到底，深度约为原料的4/5，1/5处连着不断。然后再垂直向下切，使原料厚度的4/5成丝条状，厚度的1/5仍然相连，加热后即卷成菊花状。B.(1)先将原料改刀成边长为3～5厘米的正方块，圆形最佳。(2)用直刀剞法在原料表面剞上一条条平行刀纹，深度为原料的4/5，刀距0.2～0.3厘米。(3)将原料换个角度，仍用直刀，剞成与上次刀纹垂直相交的平行刀纹。经加热后即成，也可先剞刀，再改刀成方块或三角块。

技术要求:刀距、深度一致;用于鱼时，鱼皮不能去，刀距不能太密。

适用范围:适用鱼、肉、鹅肫等原料;常用于熘、炸类菜肴，如“菊花鱼”“菊花茄子”等。

7. 篮花花刀(又名两面连花刀、渔网花刀)

加工技法:(1)先在原料的一面剞上一条条平行刀纹，深度为原料的2/3，刀距为0.3厘米。(2)将原料翻过来，剞上与前一刀纹平行的边呈小于15°的平行刀纹，拉开两面透孔呈蓝格状。

技术要求:刀距、深度一致，两面刀纹的夹角不得超过30°。

适用范围:适用于腰、肫、肚尖和豆腐方干，前者用于汆、炒，如“汤爆双脆”，后者如“卤兰花干子”。

8.蓑衣花刀

加工技法:(1)在原料的一面先用斜刀推剞，再用直刀推剞，同麦穗花刀。(2)将原料翻转一面斜刀推剞若干条平行刀纹(进刀深度为4/5)，与内侧呈透空网络状。(3)然后改刀成边长为3～5厘米的方块，受热卷曲收缩后即成蓑衣形。

技术要求:刀距、进刀深度、改块都要均匀一致。

适用范围:适用于炒、爆类菜肴，如“炒蓑衣腰花”。

9.灯笼花刀

加工技法:(1)先将原料平刀劈成长4厘米、宽3厘米、厚0.3厘米的片。(2)在片的一端用斜刀拉剞两刀，再于另一端也斜拉两刀。(3)将原料转动90°，用直刀纵向推剞若干条平行刀纹，与两端的斜刀纹成90°，加热卷曲后即成灯笼形。

技术要求:(1)斜刀深度要浅于直刀。(2)刀距要平行、均匀，片形大小要一致。

适用范围:适用于白灼、炒、炝、拌类菜肴，如“白灼灯笼腰”“红油拌腰片”等。

10.玉米花刀

加工技法:(1)先将原料改刀成等腰三角形块。(2)沿三角形的底边平行方向直剞若干平行刀纹(进刀深度为2/5)。(3)再将原料转一个方向，也直剞若干平行刀纹(进刀深度为3/5)，两种刀纹相交成90°。刀口呈小方粒，刀纹较浅，经受热卷曲即成玉米形。

技术要求:刀距、进刀深度应均匀一致，横向刀纹应比纵向刀纹略浅。

适用范围:适用于滑炒、爆、汆类菜肴，如“炒玉米腰花”。

(二)整料剞花

1.斜一字形花刀

加工技法:在鱼的两面剞上斜一字排列的刀纹，刀距一般在1～2厘米。适用范围:常用于黄鱼、鲤鱼、鲫鱼、鳊鱼、鲳鱼等原料适用于干烧、红烧、清蒸等烹调方法，制作的菜肴,如“干烧鲤鱼”“清蒸鳜鱼”等。

2.柳叶形花刀

加工技法:在鱼的中央靠近脊背顺长直刀剞一条刀纹，再以第一刀为中线在两边各斜剞上距离相等的刀纹。

适用范围:一般适用于氽、蒸等烹调方法，如“清蒸鳊鱼”“氽鲫鱼”。

3.十字形花刀

十字形花刀的种类很多，有十字形、斜双十字形、多十字形等。一般鱼体大而长的可剞多十字花刀，刀距可密些;鱼体可剞十字形花刀，刀距可大些。

适用范围:一般适用于干烧、红烧、白汁等烹调方法，如“干烧鳜鱼”“红烧鲢鱼”等。

4.牡丹形花刀(又称翻刀形花刀)

加工技法:在鱼身两面每隔3厘米直刀(或斜刀)剞一刀，剞至脊椎骨时将刀端平，再沿脊椎骨向前平推2厘米时停刀。两面剞的刀纹要对称，加热后鱼肉翻卷，如同牡丹花瓣。

适用范围:常用于体大而厚的大黄鱼、青鱼、鲤鱼等原料，适用于脆熘、软熘等烹调方法，制作的菜肴，如“糖醋黄河鲤鱼”。

5.松鼠花刀

加工技法:(1)去鱼头后沿脊椎骨将鱼剖开，离鱼尾3厘米处停刀，然后去除脊椎骨，片去胸肋骨。(2)在两扇鱼肉上剞上直刀纹,刀距约为0.6厘米，进深为剞至鱼皮。(3)再用斜刀剞的刀法，剞成与直刀成直角相交的刀纹，刀距也为0.6厘米，深度至鱼皮。加热后即成松鼠形。

适用范围:常用于大黄鱼、青鱼、鳜鱼等原料，适用于炸熘制作的菜肴，如“松鼠黄鱼”“松鼠鳜鱼”等。

三、原料成型的基本要求

(一)要符合制品的烹调需要

原料形状的大小、厚薄一定要符合制品的烹调要求，旺火速成的菜品原料形状要薄小一些。慢火长时间加热成熟的菜品，原料形状要相应地厚大一些。

(二)原料成形要整齐、利落、均匀一致

经过刀工处理的原料必须达到粗细、厚薄均匀、整齐划一、干净利落，否则影响菜品制品的美观，而且使原料的成熟度不一致。

(三)要做到物尽其用，合理使用原料

原料成形必须要遵循物尽其用，合理用料的原则，做到大材大用，小材小用，提高原料的利用率。

(四)要有助于美化菜品的形态

原料成形要有助于菜品形态的美化,主辅料的形状搭配要和谐一致。

(五)讲究卫生,保持营养

在原料切制成形过程中要注意生熟分开,防止污染和串味,要尽量掌握先洗后切的原则,保持原料各种营养素不被破坏流失。

第二节 配菜的作用与方法

一、配菜的意义与作用

配菜也称配料,就是根据烹调原料的性质、烹调方法、饮食习性等因素,将刀工处理好的原料或经整理,初加工后的原料加以有机组合,使之烹制后成为一份完整的菜肴。配菜是紧接着刀工的一项程序,是刀工与烹调之间的纽带,是菜肴的设计过程。因此刀工与配菜也可统称为“切配”。配菜可分为热菜的配菜和冷菜的配菜。

热菜的配菜程序:原料初加工→刀工处理→配菜→烹调→上席。

冷菜的配菜程序:原料初加工→烹调→刀工→装配→上席。

配菜是一项重要的工作程序。它纵然不能使原料发生物理和化学变化,可是通过各种原料之间合理而巧妙的配合对于确定菜肴的质、量、色、香、味、形、营养及成本、品种开发都有直接的影响。具体来说,配菜基本作用有以下几点。

1.决定菜肴的品质与数量

菜肴的品质由原料决定,原料的组合直接决定了菜肴的档次。售价高的菜原料价格贵,并且一般较少用配料。一桌筵席上,档次高,其主菜的原料价格贵;相反,就餐人数多而水平不高,厨师就可以多配辅料来降低成本。一盘菜或一桌菜的数量也需配置,根据金额、人数而决定。

2.确定菜肴的色、香、味、形、质

原料的外形决定于刀工,而菜肴整体的外观则由配菜来决定。配菜时,适当地将形状相似的或相异的组合在一起,使之成为错综且调和的形状。

各种原料有其固有的色、香、味等性质,将几种不同的原料配合在一起时,可互相弥补色、香、味、形中任一点不足,各种原料如配合巧妙,则可充分发挥原料的色、香、味、形、质等特色,起到锦上添花的作用。若配合不佳,则不仅不能互相弥补,反而起了互相消杀的作用,而使菜肴整体的色、香、味、形受影响。如鱼之配葱、虾仁配青豆、狮子头配荸荠末,花色菜的造型等。相反的例子如过于花哨,大红大绿,甚至有些本味较重的青椒、胡萝卜、香菇等与口味清鲜的菜就不能相配,否则就会喧宾夺主。

3.决定菜肴的成本

配菜时所采用材料的价值、分量的多寡，将直接影响菜肴的成本。若分量不正确，高级作料与普通作料的配合比率不当，不仅会影响菜肴品质，也会使消费者蒙受损失，因菜肴成本提高势必转嫁给消费者，而影响经营上合理的收入。因此，配菜也是成本统计上一个重要的关键。

4.配菜也是创新菜肴品种的重要环节

除刀工与烹调法外，能使菜肴富于多变的原因，要归功于各种不同的原料配合。配菜即是创造更多新菜肴的根本。

5.确定菜肴的营养价值

主副料的搭配可以确保平衡膳食的实现。传统的荤素搭配实际上是非常合乎营养原则的。一组菜则有菜与菜之间的营养素平衡问题。比如筵席菜单设计时，就要防止荤菜过多而素菜太少，应尽量多安排几道全素的菜或配料中多安排素菜。

6.有利于原料的合理使用

各种原料有高档、中档、低档之分，配菜按菜肴的质量要求，把各种原料合理地配合起来，组成各种档次的菜肴以物尽其用。

二、配菜的基本方法

原料的配合，分为一般菜与花色菜两种。一般菜较为纯朴；花色菜则属于技巧性的，多在色与形上下功夫。以下介绍两种配菜的基本方法。

(一)一般菜的配菜

根据一般菜品配菜时所用原料的质量关系，其配菜方法可分为以下三种。

1.配单一原料的菜

所谓配单一原料的菜品，即菜品只有一种原料构成而无其他配料，由于只使用一种原料，无须其他原料的配合，所以做法极其简单，配菜方法比较简单，但是，配菜时应注意以下两个方面的问题。

(1)突出原料的优点，避免原料的缺点。由于只使用一种原料配制成菜，因此要充分体现原料的优点，突出原料应有的香醇，在选料、初加工、刀工处理和烹调各个环节，都要认真对待，严格要求。例如，“清蒸白鳞鱼”一菜，一是选料要鲜活，二是初加工不可去鳞，三是刀工处理和烹调要恰当，方能体现该种菜肥美鲜嫩的特点要求。另外，对某些本身缺乏鲜味的原料，如鱼翅和海参本身的味道不足，烹调时必须加入上汤和鸡、鸭、肉等配料同烧，以吸取其鲜美的滋味，烧好后再去掉配料，仍以单一原料上席。

(2)具有某些特殊浓厚滋味的原料，不宜单独制成菜品。主要是指不易吸收鲜味而又刺激性过大的原料，如大蒜、辣椒等，如不配合其他原料则辣味太重，不宜单独使用。

2.配主、辅料兼有的菜

主料与辅料的配合，是指一种菜肴，除使用主料外，又添上一定数量的辅料。添加辅料的目的，主要是对于主料的色、香、味、形及营养做适当的调整作用。例如“走油肉”“香糟扣肉”等菜富含脂肪，吃起来非常油腻，若添加若干蔬菜，不仅可调和过度的油腻，而且可平添色彩的鲜艳。又如“洋葱猪排”除主料猪排外，另添有若干洋葱，可使主料更具香味。肉类含有丰富的蛋白质，脂肪也多。蔬菜却含有多量维生素。两者互相配合，使营养更趋平衡。

由主料与辅料所配合的菜肴，一般而言，主料占品质上重要的地位，而辅料则为衬托、辅助或补充，不得有喧宾夺主的现象。一般主料多采用动物料，辅料则使用植物料。当然也有例外者，例如北京菜“八宝豆腐”以豆腐为主料，火腿、鸡肉、虾米、干贝为辅料；扬州菜“煮干丝”以干丝为主料，火腿、虾米为辅料；四川菜中“飘黄瓜”以黄瓜为主料，猪肉、鸡蛋为辅料。

3.配制多种不分主、辅料的菜

所谓多种不分主辅料的菜，是指由两种或两种以上分量略同的材料所构成的菜肴。其中主辅料不必加以区分。若几种原料的分量与体积或味道的浓淡有显著的差异时，需调整分量，以求平衡。此种配菜，技术较为复杂，对于各种色、香、味、形的配合，应持慎重的态度来处理。例如“油爆双脆”中所使用的鸡或鸭的肫，以及猪肚，均属清脆而富于弹性的原料，因此，在外形可采用蓑衣块的方式，其剞制的深浅、块粒的大小、厚薄等必须划一。又如“糟熘三白”中的鸡、鱼、竹笋等，均应切成片，使色泽洁白，吃起来软嫩可口。

无论主辅分明或主辅不分的菜肴，各种原料，均须分别放入各种器皿中，因为调理有先后之分，若混淆在一起，难以分开下锅，可能影响炒煮的时间而损及品质。

（二）花色菜的配菜

1.配花色菜应掌握的原则

花色菜是在色与形上加以特别处理的具有艺术性的菜肴。花色菜在刀工与原料配合上有独到的功夫，没有高超的技术无法做成色形俱佳，味美而富营养的菜品。要做好花色菜必须注意：严格选择原料，以方便造型上的处理；菜样的图案、形状、色调宜大方、美丽、和谐，引人喜爱；菜的名称形象，优雅而能引起人们的丰富联想；手法和技巧必须纯熟精湛，有时还要运用食品雕刻的技艺，突出整个菜肴的形态美；配花色菜多使用手工，应特别注意清洁卫生。

2.配花色菜常用方法

（1）叠：叠是将色、味不同的原料加工成相同的形状，多为片状，然后隔片重叠，间搨糊状料（如虾茸），重叠为一个整体。例如锅贴鱼：将鱼片、火腿、猪肉、咸菜叶切成同样大小的长方形，各贴在鱼片双面，片间涂以虾茸而成。

（2）卷：卷是将有弹性的原料切成较大的长方片，再将色味不同的料切成细丝或茸末，分别排在片上，上涂以蛋糊粉（鸡蛋加淀粉的糊），滚卷而成。两端可制成各种美丽的形状。例如“三丝鱼卷”是在较大的长方形鱼片上，搁置火腿、笋、香菇丝（切得长些，让其从鱼片内露出），卷起鱼片涂上蛋糊粉使两端合闭，然后蒸或油炸淋汁而成。

（3）扣：“扣”有两种。一种是将所有的原料有规则地摆在碗内成熟后复入盛器中，使之具有美丽的图案。这种方法可以使菜肴表面光滑、整齐、饱满、美观大方，烹调方法多为蒸、扒，代表菜有梅菜扣肉、金银扣蹄、鸳鸯扣三丝。另一种是把两片不同性状的原料套扣在一起，做成麻花形。例如：把响螺肉和鸡肉切同样大小的长方片状，两片相叠，在中间划一刀，把一端从刀缝中穿过，翻转成麻花样，入油炸后，鸡片即缩在响螺肉里面，此菜名叫“凤入螺幛”。

（4）扎：扎是将切成条或片的原料，用黄花菜、扁尖丝、海带等扎成一束束的形状。例如“柴把鸭”，是将去骨加热的鸭肉条，添加火腿条、冬菇条、笋条，外面再以干菜丝扎成束，放入蒸笼蒸成汤菜。又如“清汤腰带鸡”，是将去骨的鸡肉、火腿、竹笋、香菇切成片，片间开洞，再以扁尖串成，扎结两端，使其状似腰带，添调味料与清汤在蒸笼蒸煮的一项名菜。

(5)瓤：是以一种原料为主，将其他原料填装其中的花色菜。如“瓤青椒”，先去青椒心，里面涂上薄薄一层的干菱粉。再将猪肉、火腿切成茸状，外加荸荠末及调味料，搅拌均匀后放入青椒内。放入锅中油煎后加汤烧成。

(6)包：包是将鸡、鱼、虾、猪肉等嫩软无骨的原料切成片或茸，包在网油、蛋饼或荷叶中，加热制成的花色菜。如“鱼皮馄饨”等，先去大黄鱼骨，再切成大丁，蘸上菱粉，用擀面棒敲成薄皮，再将已调味的虾仁作馅心，包成馄饨形，氽熟。

(7)穿：就是将原料去掉骨头，在去骨的空隙处，用另一原料穿在里面，形成生坯。穿入的原料充当“骨头”。仍保持原来的形状，达到以假乱真的目的，从而提高菜肴的品位。多采用熘、蒸、炸、烧、焖、涮的烹调方法成熟。

第三节 菜品命名

菜品命名，就是人们给菜品确定一个名称便于大家识记。菜品的名称除了使人们便于认识和选择外，还应注意菜名的艺术性和文化内涵。

一、菜品命名的基本原则和一般规律

(一)菜品命名的基本原则

在给菜品命名时必须遵循一定的原则，使所定菜名既能便于人们识记，又能反映出菜品的主体特色，同时还能给人以美的享受。

1.力求名副其实

菜品的命名要以菜品的主体特色为依据，要结合实际，认真研究菜品的原料构成、刀工成形、烹调技法、成品特点、盛装器皿以及其他因素，确定出便于识记的名副其实的菜名，使之能充分反映菜品的特色和全貌。要防止哗众取宠、故弄玄虚的错误做法。

2.力求简明扼要

菜品的名称要做到通俗易懂，简明扼要，力戒文字冗长。中国菜的名称绝大多数为3～5个字，菜名6个字的较少，8个字以上的就极少见了。菜名简明扼要，其目的就是便于记忆，若字数太多，读起来费劲，记忆也较难，很容易混淆。所以菜名力求控制在3～5个字间，并使其读音能合韵，读起来朗朗上口。

3.力求雅致得体

烹饪是文化，是艺术，从菜品的名称上也可以反映出来。中国菜品有相当一部分是借助隽永的诗文名句来命名的，无不充满诗情画意。如推纱望月、掌上明珠、诗礼银杏、带子上朝、乌龙戏珠等，我们在借用诗文名句给菜品命名时，一定要防止牵强附会、滥用辞藻的做法，更不可庸俗无聊，一定要力求雅致得体，朴素大方，给人以美好的联想。

（二）菜品命名的一般规律

菜品的命名没有统一的规定，但人们在长期的实践中对菜品的命名形成了一定的规律，主要表现在以下两个方面。

1.先创造出菜品再命名

即将菜品创制出来后再根据菜品的原料构成、形态及口味等方面的特点来命名。采用此类方法命名，应使菜品名称与内容大体相同，能基本体现菜品的构成内容或者能突出其某一方面的特征。

2.先构思菜名再创制菜品

这类命名方法其步骤与前一种相反。即先起一个雅致的菜名，然后按照菜名的内容要求进行创造制作菜品。创制时要从选料、切配、烹调、定型等一系列工艺综合考虑，使创制出的菜品与名称相符。使用此类方法，主要用于某些特殊的，在特定条件下能突出某一方面特征的菜品（如具有重大意义的事件、活动等，其饮食品应突出反映这方面的内容）。

二、菜品命名的方法

（一）写实性命名法

又称一般菜品的命名方法，就是菜名直接如实地反映菜肴的原材料、成菜烹调法、菜肴的色香味形、菜肴的原产地或创始人等情况，使人一看菜名，就能了解菜肴的概貌及其特点。

1.烹调方法结合主料定名

这类型命名方法最为普遍，不仅使生产人员易记忆和掌握，更使顾客从菜名中知道菜品的主要用料。此法重点反映出烹调方法，对一些烹调方法有特色的菜品更为适宜。命名时一般烹调法在前、主料在后。如白切鸡、拔丝莲子、清炸赤鳞鱼、盐焗鸡、清蒸鲩鱼等。

2.调味品或调味方法结合主料命名

此种命名方法主要是突出菜品的口味或调味品；适用于调味有特色的菜肴。一般在主料前冠以味型或调味品，如糖醋鱼、红油鸡、咖喱鸡块、鱼香肉丝、麻酱腰片、果汁鱼脯等。

3.根据辅料结合主料命名

主要是以菜品所用特殊辅料和主料为依据来命名。特点是明确地表现了菜品的原料构成情况，反映菜品的用料特点，主要适用于那些辅料有特色口味的菜品。如金钩菜心、海米牙白、松子豆腐、糯米羊肉、韭黄鸡丝等。

4.根据特殊形、色结合主料命名

主要是以菜品某一突出的形态和色彩加上主料命名。多适应于花色菜，菜名要求形象生动，雅致得体，具有一定的艺术性。命名时一般将形、色放在主料的前面。例如，翡翠虾仁、葫芦鸭子、蝴蝶鱿鱼、双色鱼丸、芙蓉鱼片等。也有个别的菜品名称相反，主料在前，如鸡豆花。

5.主辅料结合烹调方法命名

是以菜品所用主辅料和烹调方法相结合进行命名。以名称中即可反映出菜品的原料构成及烹调全貌，使人们对菜品有比较全面的了解，是一种常用的命名方法。命名时一般辅料在前，烹调方法居中，主料在后。例如，韭黄炒鸡丝、百果煲老鸭、大葱烧海参、莲子炖鸡等。

6.烹调方法结合原料某方面的特征命名

是以菜品的烹调方法和所用原料某一方面的特征相结合进行命名。命名时要突出烹调方法及菜品原料的数量、形态、色泽、性质等方面的特征，做到名副其实、耐人寻味。例如，油爆双脆、扒三白、清蒸麒麟鱼、汆玻璃肚片。

7.发源地或创始人结合主料命名

是以菜品的发源地或创始人与主料相结合进行命名。主要适用于一些具有创造性(其发源地或创始人出处明白)，具有较浓厚的地域或个人色彩的菜品，以产地命名的如大良炒牛奶、德州扒鸡、北京烤鸭等。以创始人命名的如东坡肉、麻婆豆腐、宫保鸡丁等。这些菜品大都有其历史沿革或掌故逸闻，并为人们所接受。

8.特殊器皿结合主料命名

是以菜品所用的特殊盛装器皿与主料相结合进行命名。这类器皿既可作为盛器，又可作为炊具，具有其特殊性。命名时一般器皿在前主料在后，也有将器皿放在后面，以容易记忆读起来顺口为原则。例如，砂锅鱼翅、汽锅鸡、铁板虾仁、飞龙酒锅等。

一般菜品的命名方法比较多，不限于以上几种，只要熟悉和掌握菜品的制作工艺，了解菜品的基本特征，结合实际，突出重点，就可以给菜品确定一个名副其实的名称。

(二)寓意性命名法

一般又称花色艺术菜命名法，是借用文学手段，采取比拟、象征、借代、想象和讽喻的手法为菜肴定名，具有构思新颖、寄予深情、引人入胜的特点，不仅悦人耳目，投人所好，还可吟咏玩味，陶冶性情，此类菜名多用于名贵菜肴。

1.表达吉祥祝愿的菜名

(1)表现祝愿主题。全家福(炒杂烩)，龙凤呈祥(鸡球炒明虾球)，鸿运当头(红烧大鱼头)，祝君进步(竹笋炒猪天梯)，鱼跃龙门(姜葱火屈鲤鱼)，发财多福(发菜豆腐)。

(2)表现情趣主题。雪夜桃花(茄汁虾球，用蛋泡糊垫底围边)，乌龙吐珠(鸽蛋红扒海参)，游龙戏凤(海参炖鸡)，百鸟归巢(丝状菜物造巢形盛放禽类菜肴)，踏雪寻梅、万紫千红(什锦炒火鸭丝)。

(3)表现祝寿主题。松鹤延年(象形冷拼)，福如东海(冬菇炖水鱼)，麻菇献寿(寿桃配芝麻香菇)，八仙贺寿(炒八珍)，神龟千岁(灵芝炖乌龟)。

(4)表现婚庆主题。鸳鸯戏水(冷拼或汤菜上浮蛋泡制鸳鸯)，百年好合(莲子炖百合)，蓝田种玉(草菇汆田鸡)，鱼水合欢(鸡丝烩鱼唇)，桃花好运(核桃夜香花炒鸡丁)。

(5)表示欢迎主题。孔雀开屏(冷拼)，春色满园(什锦虾仁扒鸡茸菜心)，鹿鸣贺嘉宾(炝里脊丝、烧鸡热拼)。

(6)表示送行主题。一帆风顺(菠萝雕刻船形拼什锦鲜果)，鹏程万里(烧乳鸽配鱼肚、鱼翅、鹌鹑蛋)，竹报平安(鸡球扒竹笙)，满载而归(竹、木船形器皿盛装三色虾仁拼吉列鱼脯)。

2.根据象形会意的菜名

花开并蒂(汤泡肚球、肾球)，掌上明珠(鹌鹑蛋、虾胶酿鸭掌)，狮子头(清炖蟹粉大肉丸)，彩蝶迎春(冷拼)，金鸡报晓(冷拼)，五谷丰登(炒松仁、玉米仁、青豆拼玉米形鱼块)，松子鱼(鱼用花刀处理松果形状，脆熘法制成)，菊花鱼(鱼肉切菊花花刀，脆熘法制成)。

3.根据历史典故、传说的菜名

西施浣纱（上汤氽酿竹荪根据历史典故而制），佛跳墙（海味、珍禽酒坛煨制菜，传说“坛启荤香飘四邻，佛闻弃禅跳墙来”），黄葵伴雪梅（宫廷菜，根据民间故事而制），鸿门宴会（蟹黄燕窝，根据楚汉相争历史典故制成），鱼龙变化（双味鱼，根据黄河鲤鱼跳龙门传说而制），舌战群儒（榆耳川鸭月利，根据三国故事而制），三顾隆中（鸡球、虾球、肾球扒白菜胆，根据三国故事而制）。

4.影射历史上政治斗争、含讽喻意义的菜名

油炸桧（油条）、红娘自配（宫廷菜）。

5.赋予原料美称而定的菜名

对烹饪原料赋予美称形容其形状或色泽，使原料显得高贵和具有美感。如烹饪中常称鸡为凤，蛇或虾为龙，菜远美称为玉树、翡翠；蟹黄常称牡丹、红梅、红粉、珊瑚；狗肉称香肉；鹌鹑蛋、虾丸则称龙珠或明珠；肚仁称珠肌或白梅、肾球称红梅、鱼肚称棉花，根据以上原材料制作的菜肴如龙虎斗（烩蛇肉猫肉），炝虎尾（炝鳝鱼尾），百鸟朝凤（煨全鸟拼凤尾虾造型的小鸟），凤穿牡丹（蟹黄扒鸡球）。

6.根据同音、谐音寓意的菜名

发财好市（发菜蚝豉），富贵有余（炒麦穗鱿鱼，有余与鱿鱼相谐音），天长地久（鳝鱼烩韭黄，鳝鱼又称长鱼，久与“韭”相谐音），龙凤大会（烩鸡丝蛇肉，会与烩同音），海不扬波（海参鸡片扒菠菜，海参代表海，波与菠同音），聪明伶俐（明虾球川鸭月利 ，聪以葱球示意同音，明以明虾代表；伶俐以猪月利，表示，谐音）。

复习思考题

一、选择题

1.刀工美化就是指使用不同的刀法，作用于同一原料，在原料表面剞上（　）的刀纹，使原料直接或加热后呈现出美丽的形体。

A.有深度　B.有色彩　C.一定深度　D.一定色彩

2.一份菜肴的质和量应该是（　）来确定。

A.不同的烹调方法及原料数量的多少　B.原料数量的多少及品质的好坏

C.合理的营养搭配及原料品质的好坏　D.烹调技术的高低

3.对肉类进行分割加工时，要落刀准确，（　）。

A.行刀快捷　B.运刀迅速　C.行刀稳定　D.行刀稳妥

4.在一般菜肴的配菜中最常用的片是（　）。

A.象眼片　B.月牙片　C.柳叶片　D.夹刀片

5.配菜可使不同原料之间的规格档次协调一致，并（　）菜品的规格标准。

A.肯定　B.商定　C.确定　D.制定

6.在形的配合上应该是（　）。

A.主辅料形状一致，规格与主料大小相等

B.辅料形状与主料相近，规格小于主料

C.主辅料形状各异，规格大小相等

D.主辅料形状一致，规格大于主料

7.“芙蓉鸡片”属于( )命名方法。

A.按菜肴形状　　B.按烹调方法和主料

C.按菜肴色泽　　D.根据历史典故

8.有些菜谱中出现“发财到手”的菜名，该菜由猪蹄和( )共炖而成。

A.紫菜　B.发菜　C.酸菜　D.黄花菜

二、简答题

1.常见的原料基本形状有哪些？各采用什么方法加工成形？

2.加工丝原料形状时应注意哪些事项？

3.常见的小型花刀有哪些？是怎样加工成形的？操作要领是什么？

4.什么叫配菜？配菜的作用有哪些？

5.菜肴的命名原则有哪些？

6.配菜有哪些方法？

7.下列菜肴属于写实性的哪一种命名法？

鱼香肉丝　糯米羊肉　莲子炖鸡

宫保鸡丁　铁板虾仁　拔丝苹果

8.寓意性命名法的概念以及命名的方法有那些？

三、案例分析

一个农民老伯就餐的经历

某日，一位农民老伯担着蕹菜、豆角进城出售，午后到一家餐馆就餐，服务员拿来菜单，菜谱新颖别致，老伯点了“青龙过海”和“乱棍打死牛魔王”两道菜，上菜后才发现，“青龙过海”原来是蕹菜清汤，“乱棍打死牛魔王”原来是豆角炒牛肉。试问这家餐馆菜肴命名存在哪些错误？

评析：

违反了菜肴命名的基本原则。

(1)名不副实：菜名要以菜品的主体原料为依据，要结合实际。“青龙过海”和“乱棍打死牛魔王”取名有哗众取宠，故弄玄虚的错误做法。

(2)寓意性菜名要雅致得体，“乱棍打死牛魔王”略显粗俗。

第四章　热菜烹调方法

【学习目标】

通过本章的学习，熟悉热菜烹调方法的概念及分类方法；

了解常见常用热菜烹调方法的工艺过程及具体的操作步骤；

掌握常见常用热菜烹调方法菜品的特点；

了解热菜类似烹调方法的异同并能辨别区分；

了解热菜风味菜例的制作工艺。

【基本内容】

◇水烹法

水烹法的概念、特点。

烧、焖、扒、炖、烩、氽、涮、蜜汁等以水为传热介质烹调方法的概念、特点、工艺流程及风味菜例。

◇油烹法

油烹法的概念、特点。

炸、炒、爆、煎、熘、拔丝、挂霜等以油为传热介质烹调方法的概念、特点、工艺流程及风味菜例。

◇汽烹法

汽烹法的概念、特点。

蒸法的概念、特点、工艺流程及风味菜例。

◇其他烹法

盐焗法的概念、特点、工艺流程及风味菜例。

泥煨法的概念、特点、工艺流程及风味菜例。

◇案例分析："清蒸鲩鱼"为何达不到质量标准 。

中国菜肴品种繁多，花色似锦，味型繁多，风味迥异。这些美妙的效果，都是通过灵活多变、巧妙不同的烹调技法创造和体现的。中国烹饪具有悠久的历史，在数千年的漫长岁月中，历代专业厨师和普通百姓通过实践逐步积累经验，钻研技巧。不断交流，从无到有。从少到多，从简单到复杂，最终创造和发明了举世闻名的众多烹调技法。它内涵丰富，博大精深而又不拘一格。灵活变通，始终处于流动变异之中，沿袭至今，形成了"多、奇、绝"的诱人魅力，这在世界上其他国家的烹饪中实属罕见。

热菜烹调方法是指将加工整理和切配成型的烹调原料，综合运用各种手段，通过加热和调味，制成热式菜肴的专门技法。热菜烹调方法的分类方法有多种，本书按传热介质的不同分为水烹法、油烹法、汽烹法和其他烹法四类，并依次进行叙述。

第一节 水烹法

水烹法指用水或汤汁作为导热介质，利用水、汤汁加热后的不断对流，把热量传递给原料，使其受热成熟的技法总称。

水烹法在烹调技艺中运用非常广泛，水作为传热介质既可使原料取得口感脆嫩、柔嫩等成熟效果，又可通过小火微沸和长时间加热的方法，使大块质老的坚韧原料成熟并取得酥糯、软烂的效果，也可使原料的组织溶解，变软、变松、溶解到水中，形成味道鲜美的汤汁。采用水烹的烹调方法较多常用的主要有烧、焖、扒、炖、烩、汆、涮、蜜汁等。

一、烧

烧是将预制好的原料，加入适量汤汁和调料，旺火烧沸，中小火烧透入味，旺火收汁成菜的烹调方法。

烧法质感是以鲜嫩和软烂为主要特色。烧法的口味丰富，其代表性的风味如红烧的咸中微甜，干烧的鲜咸香辣，以及其他一些复合型口味(如酸甜、麻辣、酸辣、鱼香等)。烧法菜肴注重色彩，讲究赏心悦目，要求做到“色正”，红似火，黄似金，白如玉，绿如翠，使顾客获得良好的视觉享受。所以，大多数菜在烧制时，都会运用各种手段进行着色、增色的处理。烧法的菜肴一般在成菜后要求有浓稠的卤汁。其中，红烧菜肴卤汁较宽，一般占成菜的四分之一，干烧菜肴汁紧，卤汁要附着在原料表面，食后盘内有油无汁。烧法种类按工艺和成菜特点主要分为红烧、白烧、干烧、软烧四种。

(一)红烧

红烧是指将加工切配的原料经过初步熟处理下入锅内，加入适量汤水及有色调料，用旺火烧沸后，改用中小火力加热，至原料酥软、入味后，再用旺火收汁，勾芡成菜的烹调方法。成品具有色泽红亮、汁浓味厚、软嫩适口的特点。

工艺流程：选料→切配→预制处理→入锅加汤调味→勾芡成浓汁→装盘成菜

红烧用料广泛，家禽家畜，水产海鲜，山珍野味，各种蔬菜和豆制品等都能红烧。红烧法经过两次加热成菜，第一次加热的属预制。第二次加热主要采用中火或小火以使原料烧透入味。名菜有浙江菜中的“东坡肉”、山东菜中的“九转大肠”、北京菜中的“葱烧海参”等。

【菜例】 葱烧海参

原料：水发小海参 1000 克，葱白 150 克，酱油 15 克，盐 2 克，味精 2 克，糖 30 克，料酒 15 克，青蒜段 15 克，葱末 15 克，姜末 5 克，姜汁 25 克，葱油 50 克，湿淀粉 25 克，熟猪油 250 克(实耗 50 克)，鲜汤 50 克，鸡汤 150 克。

制法：

(1)将海参洗净，放入冷水锅中，用旺火烧开，煮五六分钟，捞出控水。将葱白切成葱段。

(2)锅架火上，放入熟猪油，烧至七八成热时，下入葱段，炸成金黄色时离火。将葱段盛入碗内，加酱油5克、糖5克、味精1克、料酒5克和鲜汤，入屉上笼，用旺火蒸两三分钟，下屉，滗去汤汁，留下葱段待用。

(3)原锅内留熟猪油25克，回到旺火上，烧至七八成热，放入糖25克，炒成黄色时，再下葱末、姜末、小海参，翻炒几下，随即下入余下的料酒、酱油、味精、姜汁25克、盐和葱油20克及鸡汤，烧开后，移到小火烧约5分钟，见汤汁剩下1/3时，回到旺火收汁，淋入湿淀粉勾芡，边淋芡，边颠翻锅身，使芡汁均匀受热成熟变稠，并裹匀在海参上面时，即可出锅，盛入盘内。

(4)另用一锅架在旺火上，倒入糊葱油30克，烧至七八成热，下入青蒜段和蒸好的葱段，略炒几下即可提锅，将青蒜段、葱白段放在海参上面即成。

特点：色泽酱红，海参软糯鲜美，醇厚入味。

(二)白烧

白烧与红烧对称的烹调方法，除调料不同外，操作方法基本相同。但白烧也有一些特殊的要求。如选用主料一定要选富有鲜艳色泽、质地细嫩易熟的原料。调料都必须是不带色的，白烧的调味，以辅佐和突出主料本身滋味为目的，口味讲究清淡鲜醇、爽口不腻。名菜有海米烧京白、上汤烧猴蘑、瑶柱烧瓜脯等。

【菜例】 瑶柱烧瓜脯

原料：冬瓜脯12件，瑶柱50克，上汤500克，精盐5克，味精3克，蚝油5克。

制法：

(1)冬瓜脯焯水，瑶柱上蒸笼蒸透。

(2)锅烧热加上汤调味，放入冬瓜脯中小火烧透，勾芡，加包尾油即成。

特点：冬瓜熟烂鲜美。

(三)干烧

干烧就是将经煎、炸等初步熟处理后的原料入锅，加适量的汤水和调料，旺火烧沸，中小火加热至原料软嫩入味后，用旺火收干味汁成菜的烹调方法。食后盘内无汁，故名干烧。干烧菜肴具有色泽红亮、香浓醇厚、味型丰富、紧汁亮油的特点。此法在川菜中使用较多。

工艺流程：选料→切配→初步熟处理→入锅加汤调味→烧制→收汁→装盘成菜

干烧与红烧在工艺上基本相似，但两者在原料熟处理方法、菜肴质感、调料的使用、味型以及菜肴卤汁的特点上，都有显著的不同。干烧原料预制时要求原料内部的水分要多排除一些，便于滋味的渗入，一般采用煎炸的方法。干烧口味以鲜咸香辣为多，这类口味的制品，大都以鱼类作为原料，常用辣椒油、泡辣椒、豆瓣酱、醪糟、料酒、酱油、醋、葱花、姜末等调料调味，干烧也有不带辣味的，这类制品以使用蔬菜原料为多。干烧的汁量比红烧少而稠，汁中水分极少，黏性高，近似胶质状态，能粘附在原料的表面。食后盘内无汁，只有残留的明油，干烧的汁，一般都不勾芡，取其原料的胶质，个别品种的卤汁黏性不足时，才加少许湿淀粉增加稠度。

【菜例】 干烧鲫鱼

图 4—1 干烧鲫鱼

原料：鲫鱼一尾重 500 克，猪瘦肉末 100 克，芽菜 20 克，盐 2 克，酱油 15 克，料酒 15 克，味精 1.5 克，豆瓣酱 15 克，泡辣椒 15 克，醪糟汁 30 克，葱白段 50 克，姜末 10 克，香油 15 克，植物油 1000 克(实耗 75 克)。

制法：

(1)将鱼去鳞、剖腹，取出内脏，清洗干净，用刀在鱼身两面斜剞五六刀刀纹，深约 0.5 厘米，然后在鱼的表面用盐抹遍，稍腌片刻。将芽菜洗净，切成细粒；泡辣椒去籽，切成小段。

(2)锅架火上，下入植物油，烧至七八成热时，下鱼浸炸，炸至鱼身发挺，两面呈金黄色，逼出鱼体中大部分水分时，即可捞出控油。

(3)原锅留少许底油，烧至七成热，放入豆瓣酱，炒出红油后，下入猪瘦肉末炒散炒匀，炒至肉末变色，加余下的盐、葱段、姜末、泡辣椒段、芽菜粒，翻炒均匀后，加入鲜汤、醪糟汁、酱油、料酒和炸好的鱼，烧开，撇去浮沫，移到中小火上烧 8～10 分钟，烧至鱼肉成熟、入味。先将鱼盛入盘内，原锅回到旺火收汁，见味汁快干并发亮时，撒入味精，淋入香油，颠翻均匀，浇在鱼身上即成。

特点：色泽红亮，肉质细嫩，香味浓郁。

(四)软烧

软烧是将软嫩的原料经过切配、初步熟处理后，放入锅内，加调料和适量汤水，旺火烧沸后，改用小火较长时间加热，烧透入味成菜的烹调方法。软烧菜肴具有质感软嫩、软糯的特点。

工艺流程：选料→切配→预制处理→入锅加汤调味→烧制→装盘成菜

软烧多用质地软嫩的原料，常用的是鱼类和豆腐等，成品质感也以软嫩为主，形成了软烧独有的风味特色。名菜有四川菜中的麻婆豆腐、白油豆腐、臊子鱼、泡菜鱼，上海菜中的烧鮰鱼，江苏菜中的母油船鸭等。

【菜例】 麻婆豆腐

图 4—2 麻婆豆腐

麻婆豆腐始创于清朝同治元年(1862 年)，在成都万福桥边，有一家原名“陈兴盛饭铺”的店面。店主陈春富(陈森富)早殁，小饭店便由老板娘经营，女老板面上微麻，人称“陈麻婆”。陈氏对烹制豆腐有一套独特的烹饪技巧，烹制出的豆腐色香味俱全，不同凡响，深得人们喜爱，她创制的烧豆腐，则被称为“陈麻婆豆腐”，其饮食小店后来也以“陈麻婆豆腐店”为名。麻婆豆腐是川菜传统名菜之一，此菜麻、辣、鲜、香、烫、翠、嫩、酥，将川菜麻辣味型的特点展现得淋漓尽致。如今，麻婆豆腐远渡重洋，在世界各地安家落户，从一味家常小菜一跃而登上大雅之堂，成了国际名菜。

原料：豆腐 500 克，牛肉 75 克，姜 5 克，葱白 5 克，葱花 5 克，精盐 2 克，味精 2 克，白糖 1 克，老抽 2 克，生抽 3 克，豆豉 15 克，花椒粉 3 克，辣椒粉 10 克，豆瓣酱 15 克，黄酒 5 克，淀粉水 15 克，花生油 25 克，辣椒油 20 克，胡椒粉 2 克，鲜汤 50 克。

制法：

(1)原料初加工：将豆腐切成 2 厘米见方的块，豆豉、豆瓣酱剁碎，葱姜切末；牛肉切成肉末待用。

(2)烹调成菜：锅中放水烧开，加入少许盐，将豆腐放入焯水，去除豆腥味，捞出用清水浸泡；炒锅烧热，放入花生油 15 克，将牛肉放入炒至金黄色，炝入黄酒 5 克，再放入豆瓣酱 5 克、豆豉 15 克、姜末 5 克、葱白末 5 克、辣椒粉 10 克炒香，下入鲜汤煮沸，将豆腐放入煮 3 分钟，加老抽 2 克、生抽 3 克、精盐 2 克、味精 2 克、糖 1 克调味，再用淀粉水勾芡，待芡汁包裹均匀后，淋入红油 20 克，盛出后撒上花椒粉、葱花即可。

特点：味道麻辣、口感鲜美、香味扑鼻。

二、焖

焖是将加工处理后的原料，放入砂锅内，加适量的汤水和调料，加盖，旺火烧开，中小火加热至原料酥软入味后，留少量味汁成菜的烹调方法。成品具有色泽酱红，形状整齐不碎，质感松软酥烂，卤汁稠浓味厚的特点。

工艺流程：选料→切配→焯煮预制→入砂锅加汤调味→加盖密封→较长时间焖制→收浓味汁→装盘成菜

焖法使用的主料大都是经得起较长时间用小火加热的动物性原料，如畜禽肉和含胶质丰富的水产的原料。焖法的主料一般不需上浆和挂糊处理，但含脂肪、胶原蛋白少的原料，可加少许湿淀粉搅匀，滑油后入砂锅焖制，以增加汤汁的浓度。焖法所用主料大部分要预制成半熟品或全熟品，焖制时加入鲜汤的数量要准确，并且一次加足，中间不能揭盖添汤，制品成熟后，一般都不勾芡，依靠火力自然收汁。

焖法的分类很多，按预制加热方法可分为炸焖、煎焖、生焖、熟焖，按调味种类可分为红焖、黄焖、酱焖、油焖。代表菜肴有咖喱焖牛腩、蒜子焖水鱼、双冬焖鞭花、南乳焖竹狸、黄焖甲鱼等。

【菜例】 黄焖甲鱼

图4—3 黄焖甲鱼

黄焖甲鱼，是山东潍坊的传统名菜。相传此菜始于清代，那时潍坊县（现潍坊市）有一个姓陈的乡绅，为了滋补身体，延年益寿，便取用滋补功效强的甲鱼和鸡焖煮成菜肴食用，此菜鲜美异常，十分可口，后来就成为家中经常食用的贵菜。有一次，他邀请当时在潍县（现潍坊市）任知县的“扬州八怪”之一的大画家郑板桥到家，设宴款待，席上山珍海味。郑板桥食后，唯独对焖甲鱼最为满意，连连称赞此菜味属上品。后来此菜做法传给了一家饭店，饭店又配上烧肉、香菇之类味道更佳，并称为“黄焖甲鱼”，逐渐成为潍坊地区的名菜。

原料：宰净水鱼750克，烤猪肉150克，水香菇50克，炸蒜肉75克，姜片5克，陈皮2.5克，盐5克，味精5克，蚝油10克，白糖2.5克，麻油0.5克，胡椒粉1克，酱油5克，姜汁酒10克，绍酒15克，干淀粉10克，二汤500克，植物油1000克（实耗125克）。

制法：

(1)将水鱼斩件，用沸水焯过，捞起洗净，沥去水，用干淀粉拌匀。

(2)炒锅烧热，下油 1000 克，加热至五成热，放入水鱼过油，倒入笊篱沥去油。

(3)炒锅放回炉上，下料头、水鱼块，烹绍酒，下二汤、烧肉、香菇、炸葱肉，调味略焖后转入砂锅里，淋油 25 克，加盖，用中火焖约 30 分钟至软烂，然后加入胡椒粉，麻油及花生油 25 克，鱼裙放在上面原锅加盖上桌。

特点：此菜原锅上桌，保持原汁原味，软烂可口，用砂锅烹制，香味浓郁，别有风味。

三、扒

扒是指将经过初步熟处理的原料整齐放入锅中，加入适量汤水和调料，用中小火加热，待原料熟透入味后勾芡，大翻勺整齐盛入盘内，保持原有美观形状的烹调方法。成品具有原料软烂、汤汁醇浓、丰满滑润、整齐美观的特点。

工艺流程：选料→加工预制→切配造型→入锅烧制（或入屉蒸制）→勾芡拢汁→大翻勺装盘成菜

扒法的种类很多，按加热方法可分为烧扒、蒸扒、煎扒等。按原料形状可分为整扒、散扒、排扒等。按菜的色泽可分为红扒、白扒等。按使用调料可分为鸡油扒、奶油扒、蚝油扒、五香扒等。广东菜还出现了不用大翻勺装盘的扒法，主要做法是把制熟的主料整齐码放在碟面上，辅料加鲜汤调味、勾芡淋在其上，菜肴整齐美观的形状主要靠成熟后的拼摆，擅用蟹肉、虾籽、干贝等鲜品另调芡汁，使菜品更上档次。如蟹黄扒瓜脯、上素扒大鸭等。扒法有很多名菜，如蚝皇扒鲍脯、红扒大包翅、红扒大乌参、扒三白、红扒驼掌等。

【菜例】 鱼腐扒菜心

图 4—4 鱼腐扒菜心

原料：草鱼肉 350 克，鸡蛋 3 个，广东菜心 10 颗，精盐 3 克，白糖 1 克，味精 2 克，鸡汁 15 克，干淀粉 20 克，色拉油 3000 克，姜片 3 克，葱白段 5 克。

制法：

(1)鱼肉去皮切成片状冲去血水，用搅拌机搅成茸状，在放入盐，顺一个方向搅拌上劲，然后放入淀粉和鸡蛋在搅拌均匀备用。

(2)锅置火上,加入色拉油,旺火烧至50℃左右转小火,将打好的鱼茸用手挤成鱼丸放入锅中,慢慢升高油温把鱼丸炸至金黄色即成鱼腐出锅备用。

(3)洗净先改刀,先去掉菜心的根部,叶子尾部改成三角形状备用。

(4)将改好刀的菜心焯水,然后装盘围边。

(5)锅刷洗干净,复置火上,放入少量的油,入姜片和葱白段,轻轻煸炒,再加入高汤放入炸好的鱼腐,调味煮3分钟即可勾芡,加包尾油放在围有菜心的盘子中即可。

特点:色泽浅黄淡雅、肉质细嫩鲜美、口感软滑。

【菜例】 红扒圆蹄

图4—5 红扒圆蹄

原料:圆蹄一个(重约1250克),菜心10颗,姜葱各10克,精盐6克、味精3克、蚝油和老抽各10克、冰糖50克、绍酒10克、湿生粉15克、芝麻油2克、八角2粒、植物油2000克(实耗100克)。

制法:

(1)将圆蹄刮洗干净,在肉的一面剞上刀距为3厘米,深度为2/3的“十”字花刀,放入沸水锅中煮至熟,取出放入冷水盆中漂冷,洗去表面浮沫。

(2)锅烧热,放入植物油25克,放入白糖50克炒至红色时,加入清水150克,制成糖色。

(3)不锈钢汤锅内加入清水(以能淹没圆蹄为度),下葱条、姜块,烹绍酒,加桂皮、八角、生抽酱油25克、白糖100克、精盐5克,旺火烧沸,撇去浮沫,倒入盆中上笼蒸2小时直至圆蹄软烂时取出,将圆蹄扣在盘中,弃掉姜葱、桂皮、八角,原汁勾芡淋在圆蹄上,菜心焯水围边即可出锅装盘。

特点:色泽红亮、质感软糯、丰腴可口、肥而不腻。

四、炖

炖是指将原料焯水后置陶器内，加汤水及调味品，旺火烧沸以后用中小火长时间加热，或直接入屉长时间蒸制，使原料酥烂成菜的烹调方法。炖菜具有汤清汁醇、酥烂形整、原汁原味的特点。

工艺流程：选料→初步加工→初步熟处理→装入陶瓷器皿，加汤水调味→入屉或入火长时间加热→成菜

炖法是以吃汤为主的汤菜，要求汤色清澄、爽口，滋味鲜浓，香气醇厚。所以，原料一般都是鲜味足、腥味轻、质地较老的原料。炖法主料都是大型方块料和整型料，如全鸡、全鸭等。无论采用何种炖法，都应避免原料香味散发，促使原料在受热炖软时将自身的鲜味转入汤中。

炖菜常采用陶瓷制砂锅器皿，还有专用于隔水炖的如原盅、汽锅等。这些陶瓷制砂锅器皿具有传热慢、散热也慢的特点，能在较长的时间内保持炖品的温度，既是加热的容器，也可充当盛器，烹后直接上席。根据加热方式不同又分隔水炖和不隔水炖。隔水炖，是将原料装入容器内，置于水锅中或蒸锅上，用开水和蒸汽密封加热炖制。不隔水炖，是将原料直接放入锅内，加入汤水，加盖入火上加热炖制。名菜有佛跳墙、土茯苓炖龟、鸽吞翅、人参枣杞炖乌鸡、虫草炖水鱼等。

【菜例】 人参枣杞炖乌鸡

原料：乌鸡一只，净重约 1250 克，瘦肉 100 克，鲜人参 2 条，枸杞 10 克，红枣 8 粒，生姜 10 克，葱 10 克，精盐 8 克，味精 3 克，料酒 15 克。

制法：

(1)将乌鸡颈骨取出，斩去鸡脚，开背去肺部、内脏，在前胸骨处直斩一小孔，将鸡头从肚里穿出；瘦肉洗净，切成 2 厘米见方的丁；红枣去核，人参、枸杞洗净；生姜切片，葱洗净，成葱结备用。

(2)锅置火上，加入清水，旺火烧沸，将乌鸡、猪瘦肉丁下锅焯水，去除血污，洗净；鸡头向上放入砂锅中，瘦肉丁、红枣放两旁，姜片、葱条用牙签穿好放在鸡的旁边，人参放入乌鸡身上；放入清水，调入料酒，煮沸后加盖炖 3 小时。去掉姜葱、放入枸杞、精盐、味精，再加盖炖上 15 分钟取出便成。

特点：汤味鲜美、香气浓郁。

【菜例】 清炖蟹粉狮子头

清炖蟹粉狮子头是久负盛名的镇扬（镇江市、扬州市地区）传统名菜。相传，此菜始于隋朝。隋炀帝到扬州观琼花以后，特别对扬州万松山、金钱墩、象牙林、葵花岗这四大名景十分留恋。回到行宫后，吩咐御厨以上述四景为题，制作四个名菜。经御厨努力，做出了“金钱虾饼”“松鼠鳜鱼”“象牙鸭条”“葵花献肉”四道菜，隋炀帝品尝后赞赏不已，于是赐宴群臣，这样四菜便传遍江南，成为佳肴。而葵花献肉形如雄狮之头，便称为“狮子头”，流传镇江、扬州地区，成为著名的镇扬名菜。

原料：净猪肉（以肥七成、瘦三成的肋条肉为佳）800 克，蟹黄 50 克，蟹肉 125 克，青菜

250 克，虾子 5 克，盐 15 克，姜汁水 300 克，料酒 100 克，淀粉 25 克，猪油 50 克，鲜汤适量。

制法：

（1）将猪肉洗净，切成大小类似石榴粒的肉丁，稍稍地拍剁几下，放入容器内，加葱汁水、蟹肉、虾子 3 克、盐 7.5 克、料酒、淀粉等，用力搅拌均匀上劲，即成肉馅料。

（2）将青菜心洗净，将菜头用刀剖成十字刀纹，并切去菜叶的尖。

（3）锅架火上，放入熟猪油 40 克，烧至七成热，下入青菜心略炒，见菜色转为翠绿时，放入余下的虾籽、盐和适量的鲜汤，烧开后离火。

（4）取砂锅一个，用猪油 10 克抹匀锅底，将青菜心排放入内，倒入适量肉汤，架在火上烧开。将搅拌上劲的肉馅料均匀分成若干份，逐份放入手掌中，用双手团成光滑的大肉丸，然后将蟹黄分别嵌在肉丸上，放入砂锅内，上面盖青菜叶，再盖上锅盖，旺火烧开后，改用小火炖 2 小时左右即成。食用时，连锅上桌，拿去锅盖，揭去菜叶，清香四溢。

特点：肉肥而不腻，蟹粉鲜香，肥嫩异常。

五、烩

烩是指将加工和初步熟处理的多种小型原料混合下锅，加入适量汤和调料，用较短时间加热后，勾芡成菜的烹调方法。烩菜是半汤菜或多汤菜，成品特点是汤宽汁浓、半汤半菜、口感鲜嫩爽滑。

工艺流程：选料→初步加工→刀工成型→熟处理→炝锅→烩制→装盘成菜

烩法讲究鲜味和色彩的综合搭配，以原料多为主要特点，在餐饮业中有“大杂烩”之说。烩菜要求原料新鲜、柔嫩、无骨，同时需要有好汤配伍，主料一般加工成片、丝、条、丁、小块等细薄小料。在烩制前，一般都进行初步熟处理或预制成熟料，或至断生、刚熟、半熟等状，只有少数品种可以使用易熟的鲜嫩生料。烩菜的汤汁都要具有一定的黏性，因此出锅前，大都使用湿淀粉勾芡，使汤汁转浓。具体方法是烩制菜肴接近成熟时下入淀粉浆，待芡汁转稠，菜、汤交融，汤色明亮时，即可出锅。烩菜根据成菜色泽分为红烩和白烩两种，但烩菜讲究色泽淡雅洁净，一般不用带色的调味料，预制熟料也不用颜色很重的酱制方法。也有一些品种虽用有色的调味料，但色彩都较淡，因此以白烩居多。烩法的名菜有龙虎凤大烩、菊花烩三蛇、鸡丝烩鱼肚等。

【菜例】 拆烩鳝丝

图 4—6　拆烩鳝丝

拆烩鳝丝是一道中国民间传统美食，是广东云浮地区的十大名菜之一，在央视《舌尖上的年味》这一期节目有过详细的报道，在广西的梧州地区也颇为流行。以黄鳝为主料，冬笋、香菇等为辅料烹饪而成。此菜口感滑嫩、口味清香，具有气血双补、补虚养身、健脾开胃等功效。

原料：黄鳝 300 克，冬笋 50 克，涨发香菇 30 克，金华火腿 20 克，韭黄 50 克，蒜米 15 克，姜 3 克，葱白 5 克，香菜 10 克，陈皮丝 2 克，色拉油 15 克，芝麻油 1 克，精盐 5 克，味精 3 克，白糖 2 克，老抽 3 克，蚝油 4 克，胡椒粉 5 克，料酒 5 克，高汤 300 克，干淀粉 10 克。

制法：

(1)黄鳝摔晕放入蒸笼中小火蒸 1 分钟，待表面黏液变白时取出，用清水冲洗干净。

(2)再将黄鳝放入蒸笼中旺火蒸 5 分钟，取出，去骨、去内脏，将鳝鱼肉拆成丝状备用。

(3)冬笋、香菇、韭黄、金华火腿、姜、葱白、蒜切丝待用。

(4)锅中放色拉油，放姜、蒜丝、陈皮丝、鳝鱼丝，冬笋丝、香菇丝、韭黄丝、金华火腿丝炒香，炝料酒，加入高汤 300 克，旺火烧沸，调入精盐 5 克、味精 3 克、白糖 2 克、老抽 3 克、蚝油 4 克、胡椒粉 5 克、勾薄芡，再放芝麻油 1 克、葱白丝、香菜碎推匀即可装饰装盘。

特点：色泽微黄、芡汁明亮、鲜味突出。

六、汆

汆是指将加工后的小型原料放入烧沸的汤水锅中，短时间加热成汤菜的烹调方法。汆法制品主要是汤菜，具有汤宽量多、滋味醇和清鲜、质地细嫩爽口等特点。

工艺流程：选料→切配→入沸水或汤汆制→装盘成菜

汆是采用极短的加热时间加热，突出原料自身鲜味和质感以及汤汁清醇效果的烹调方法。汆菜一方面讲究吃汤，讲究汤清味醇，另一方面强调原料自身的鲜嫩、爽脆。因此，汆的操作要领主要就是要有好汤，一般均使用清澈如水、滋味鲜香的清汤，也可使用白汤，但浓度要稀一些，以保持汤汁的清爽。常用的原料以鸡肉、鸡茸、鱼肉、虾仁，畜类里脊、肝、肚仁以及蔬菜中的冬笋、食用菌、菜心等为主。原料加工要细、小、薄，便于原料在极短的时间内成熟，并能保持其本身的鲜嫩、爽脆的质感。烹调时宜用猛火，调味以清淡为主。氽法的名菜有清汤鱼丸、橘瓣鱼氽、竹荪氽鸡片、氽玻璃肚片、清汤氽鲍片等。

【菜例】 清汤鱼丸

图 4—7 清汤鱼丸

原料：白鱼净肉 300 克，熟火腿丝 10 克，蒸熟的香菇两三个，豌豆苗适量，盐 12 克，料酒 10 克，味精 1.5 克，姜汁 3 克，熟猪油 25 克，鲜汤适量。

制法：

(1)将鱼肉用水洗净，用刀背砸成细碎肉末，再用刀刃剁成细泥，放大容器内，加清水 400 克，用手始终往同一方向不停地搅拌，搅成糊状后，把 12 克盐分几次加入，边加边搅，搅至鱼糊黏稠上劲，最后再加料酒、味精、姜汁、熟猪油和清水 400 克拌匀，即成做鱼丸的“鱼缔子”。

(2)锅里放凉水半锅，用手将鱼缔子挤成桂圆大小的丸子，放入水锅中，端锅上火，用旺火将水烧开后，移到小火上氽制，氽两三分钟即可熟透，捞出控水，分别盛入汤碗内并加入火腿丝、熟香菇末和豌豆苗。

(3)汤锅架在火上，放入适量鲜汤，烧沸、撇沫，分别倒入盛鱼丸的汤碗内即成。

特点：汤清肉滑，入口即化，鲜美异常。

【菜例】 竹荪氽象鼻蚌

原料：湿竹荪 150 克，料菇件和笋花 50 克，菜心 50 克，火腿片 2 片，象鼻蚌 300 克，上汤 1500 克，湿淀粉 15 克，精盐 8 克，味精 3 克，胡椒粉 0.5 克，植物油 25 克。

制法：

(1)竹荪、料菇件、笋花等配料用上汤 100 克煨熟捞起，滤去水分，放在汤窝里。

象鼻蚌切片用沸水飞熟捞起，放在配料上面，菜心用水焯熟与蒸熟的火腿片间隔地摆在象鼻蚌上。

(2)将锅洗净，注上汤在锅中，用精盐，味精调好味，汤沸后倾入窝中撇去汤面油，撒上胡椒粉即成。

特点：此菜汤清味鲜美，象鼻蚌嫩爽，风味独特。

七、涮

涮是指将切成薄片或小型自然形状的易熟原料，放入沸水火锅中烫至断生，捞出蘸调味料食用的烹调方法。涮法的菜肴强调质地鲜嫩，汤味鲜美，随涮随吃，别有情趣。

工艺流程：选料→初步加工→切配→入火锅内涮→捞出蘸调味料佐食

涮法必须在特制的炊具即火锅中进行，人们往往以它代替涮的技法名称，称为火锅。涮法重在选料、刀工处理和调制蘸料。选料要求选用新鲜、质地脆嫩的动植物原料以及鲜活的海河鲜原料。成型一般以薄片为主，才能在短时间内涮熟。另外，调制蘸料也非常讲究，既有特制的配方，也可由食客自行调制。火锅的命名方法很多，有以所用主料进行命名的，如北京菜的羊肉火锅，四川菜的毛肚火锅等。有以所用汤水的色泽进行命名的，如江浙菜中的清汤火锅、奶汤火锅，四川菜中的红汤火锅。有以所用汤水的味型进行命名的，如麻辣火锅，酸辣火锅。还有的因使用多种原料，就称为什锦火锅，在一个锅内呈现两种味型的称为鸳鸯火锅等。不同地区、不同菜系的涮法各具特色。如北京菜的涮，主料以羊肉为主，锅中加的是清水，有时只须另加些海米、口蘑等鲜料助鲜。四川菜的涮是以牛肚、牛肉为主，火锅所用的汤喜欢用牛肉原汤、牛油、辣椒末、花椒末、豆瓣酱、豆豉调制，刺激性强，鲜香肥浓。江浙菜的涮，既用多种鲜料，又用上好的汤，如清汤、奶汤、鱼汤等，也很有特色。

涮肉时应注意的要点：(1)每次夹入火锅内的肉片不宜过多，防止下料过多引起生熟不匀。(2)要在汤沸时下料。(3)下料时要抖散，入锅后要拨开，切忌在锅内停留过久，否则肉质变老。

【菜例】　毛肚火锅

“毛肚火锅”是四川独有的风味名菜。火锅在我国已有 1400 多年的历史。在南方各地的菊花火锅、什锦火锅、鱼汤锅都是冬令佳肴，唯四川的“毛肚火锅”与众不同，四季皆宜，盛夏不衰，深受食者欢迎。毛肚火锅，据说早在清末民初就有。最初是在食摊上经营，摊主用大的铜锅放在摊子上，里面煮满肠肚，边煮、边售、边吃，深受广大食客的欢迎。因为它是以牛肚（俗称毛肚）为主料，所以称为“毛肚火锅”，其所用调味考究，卤汁麻辣鲜香，食物多样而嫩脆，边涮边吃，浑身发热，津津有味，三伏天摇扇吃毛肚，满头大汗也舒服，较之其他火锅，另有一番风味。毛肚火锅沿传至今，成为川菜馆的特色佳肴。

原料：牛毛肚 250 克，牛肝 100 克，牛腰 100 克，黄牛柳肉 150 克，牛脊髓 100 克，味精 1.5 克，葱 25 克，青蒜苗 250 克，芹菜 1000 克，芝麻油 250 克，辣椒粉 40 克，绍酒 15 克，姜末 50 克，花椒 5 克，精盐 10 克，豆豉 40 克，醪糟汁 100 克，豆瓣酱 125 克，牛肉汤 1250 克熟牛油 200 克。

制法：

(1)将毛肚上的杂物抖尽，摊于案板上，将肚叶层层里伸，再用清水反复清洗至无黑膜和草味，切去肚门的边沿，撕去底部的油皮，以一张大叶和一张小叶为一连，顺纹路切断，再将每连叶子理顺摊平，切成约 1.5 厘米宽的片，用凉水漂起，肝、腰、肉均片成又薄又大的片，葱和蒜苗均切成7厘米长的段，芹菜清水洗净，撕成长片。

(2)炒锅烧热，下牛油50克烧至六成热，放入豆瓣酱炒酥，加入姜末、辣椒粉、花椒炒香，加牛肉汤烧沸，盛大火锅内，放旺火上，加绍酒、豆豉、醪糟汁，烧沸出味，撇去浮沫。

(3)食用时，先将脊髓放入火锅汤汁烧沸上桌即成。将其他荤素生菜片分别盛入小盘中，与精盐、牛油100克、麻油和味精同时上桌，随吃随烫，可随味加汤加调味。

特点：原料多样，味鲜麻辣，汤浓而鲜，食者可自烫自食，别有风味。

八、蜜汁

蜜汁是指将加工后的原料，放入调制好的甜汁锅中，采用烧、蒸、炒、焖等不同方法加热成甜菜的烹调方法。制品具有汁浓黏稠香甜，色泽淡雅光亮，质感酥烂软糯的特点。

工艺流程：选料→初步加工→熟处理→入甜汁锅中加热→装盘成菜

蜜汁法是中国烹饪甜菜的基本技法之一。由于调制甜汁时，传统做法都加入适量蜂蜜、白糖或冰糖调制成汁，味甜如蜜，故名为“蜜汁”。

蜜汁常选用鲜果、干果、含淀粉丰富的根茎类蔬菜，肉类中的肘子、排骨，以及山珍海味中的鱼翅、银耳等作主料。成型以块、片、条、丁等形状为主，有的选用自然形态，也有的在加工成小型料后，组装成各种各样的花式形态。在熬糖汁时，可适当加些桂花酱、玫瑰酱、椰酱、山楂酱、蜜饯、牛奶、芝麻等增味增香的原料，以丰富口味。代表菜肴有蜜汁蹄膀、蜜汁山药、蜜汁红枣、桂花糖藕、冰糖湘莲等。

【菜例】 桂花糖藕

原料：鲜藕中段7500克，糯米2500克，白糖750克，糖桂花50克。

制法：

(1)将鲜藕洗净，取用两端留节的中段，在藕节较细的一头，距藕节约3厘米处横面切断。将藕倒置，防止孔内入水，保留切下的一段做盖用。

(2)糯米洗净，沥干水分后灌入藕孔，按实后，将原来切下的一段盖其上，用竹签插住封好。

(3)用竹篮盖垫于锅底，将藕平放其上。放入清水，用旺火煮开，煮至藕熟烂、米熟透。

(4)将熟藕趁热取出，用刀刮去藕皮，切成0.6厘米厚的片，放入另一锅中，撒上白糖、糖桂花和适量水，加热，焖约半个小时，汁浓后，装盘即可。

特点：色泽淡雅光亮，质感酥烂软糯。

【菜例】 蜜汁小排

原料：仔排300克，冰糖30克，橙汁30克，番茄沙司15克，冰糖75克，盐2克，红曲粉1克，麦芽糖10克。

制法：

(1)排骨洗净、切割机切割3厘米长的段，漂去血水待用。

(2)冰糖炒出糖色备用。

(3)排骨飞水后放入五成热油锅炸制金黄捞出，锅洗净、入油、下入姜葱、香料爆香、继续放入排骨翻炒片刻，喷料酒，番茄沙司继续翻炒，加入2碗汤水，盐、红曲粉烧开后改为小火焖30分钟。

(4)接着放橙汁、麦芽糖中火收汁。

(5)起锅装盘,稍作装饰即可。

特点:色泽红润、甜而不腻,造型别致。

第二节　油烹法

油烹法是以油作为导热介质使原料成熟的各种烹调方法的总称，是重要的菜肴烹调法。油烹法具有以下特点：

(1)油温高，传热快。菜肴可以通过不同火力的调节，取得不同的质感效果。

(2)油能把原料中的水分逼出来，使原料迅速脱水，变性成熟，并形成干香酥脆的效果，使菜肴香气四溢。

(3)能保护原料的鲜味和营养素。

(4)油能使原料形成金黄、红润的色泽。

(5)油可以提高菜肴的营养价值。

根据用油量的多少和油温的高低，油烹法又可分为炸、炒、爆、煎、熘、拔丝、挂霜等多种，其成品各具不同的特色。

一、炸

炸是指将加工处理后的原料，经腌渍、挂糊或直接放入油量较多的热油锅中，烹制成菜的烹调方法。多数制品是外焦里嫩，色泽油亮，干香脆酥，滋味醇厚。炸法有以下特点：

1.大油量加热。

2.旺火、热油、速成。

3.适应性广泛。炸法所用的主料比其他任何技法都广，既可用生的原料，也可用预制的熟料和半成品原料，以猪、牛、羊、鸡、鸭、鱼、虾等动物性原料为多。既可用大到整块、整只、整条的原料，也可用加工成的细碎小料和茸泥原料，还可用自然形态的原料。它既是一种能独立成菜的方法，炸后就能直接食用，又是配合其他技法共同成菜的方法。

4.操作的灵活性，可根据原料质地的老嫩、菜肴的具体要求采取浸炸、冲炸、复炸等方法，使菜肴具有多种不同的质感。

5.方法多样性。炸法分为“不挂糊炸”和“挂糊炸”两类，又可细分为清炸、酥炸、脆皮炸、干炸、软炸、松炸、卷包炸等。

(一)清炸

清炸是指将加工腌渍入味的生料，投入旺火热油锅中，快速炸透成菜的烹调方法。

工艺流程:选料→刀工处理→腌渍入味→炸制→装盘成菜

清炸是一个古老而传统的炸法，成菜除有外焦里嫩、色泽金黄、质感香脆的特色外，还具有耐咀嚼的独特质感，越嚼越香，能充分体现原料的鲜香美味。清炸所用的主料都是以富含鲜味物质的动物性原料为主，如仔鸡、鸡脯肉、猪里脊、猪肝、鱼、虾等。代表菜肴有炸八块、清炸鹌鹑、清炸禾花雀等。

【菜例】 避风塘鹌鹑

原料：光鹌鹑5只，葱姜各10克，大蒜100克，香芹30克，精盐2克，酱油10克，蚝油10克，味精2克，五香粉2克，干妈酱15克，料酒10克，干辣椒15克，色拉油1500克(实耗75克)。

制法：

(1)鹌鹑开腹去内脏，斩去脚爪、尾尖，洗净，放入盆中，加入精盐、味精、酱油、五香粉、料酒、姜块、长葱腌渍10分钟。

(2)姜去皮拍碎，葱洗净，干辣椒切成0.5厘米长的段，香芹洗净切碎；大蒜切成米粒状，用清水漂洗两次，洗去蒜素，入三成的热油锅炸至色泽金黄，捞出沥油。

(3)锅放宽油加热至五成热下鹌鹑炸至外脆里嫩，捞出沥油后改成小块。

(4)锅留底油烧热，下干辣椒粒、香芹粒、干妈酱、炸好的鹌鹑块拌炒片刻，倒入炸香的蒜粒翻拌即可装盘上席。

特点：外焦香、肉软嫩、耐咀嚼。

【菜例】 椒盐濑尿虾

原料：濑尿虾10只，青椒30克，红椒30克，洋葱30克，蒜米20克，葱50克，椒盐7克，鸡精3克，蒜蓉辣椒酱10克，黄酒50克，生粉30克。

制法：

(1)濑尿虾用清水洗净，用剪刀剪去尾部硬刺、头部眼爪及腹部两边硬刺，加入姜葱酒腌渍片刻，沥干水分，拍上干粉。

(2)青椒、红椒、洋葱、蒜米、葱均切成细粒，放入码斗待用。

(3)炙锅，入宽油，烧至150～180℃，下濑尿虾炸1～2分钟至红亮，期间复炸一次，捞出备用。锅留底油，入料头炝出香味，放入濑尿虾，椒盐、鸡精、黄酒、葱花爆炒之香味浓郁，出锅装盘。

(4)选用藤编器皿，垫上吸油纸，濑尿虾堆叠式装好盘，余下料头撒到濑尿虾上即可。

特点：壳脆肉嫩、椒香浓郁、佐酒佳肴。

(二)酥炸

酥炸是指将加工处理后的熟料挂糊，入旺火热油锅中，炸制成菜的烹调方法。成品具有外脆里嫩、色泽金黄的特点。

工艺流程：选料→初步加工→预熟处理→切配挂糊→炸制→装盘成菜

酥炸是清炸的发展。由于原料经过挂糊，炸时能形成酥脆薄壳，包封住原料内部水分，保持了菜肴的鲜美滋味，并形成外脆里嫩的特殊质感，成为炸法中最具代表性的技法。因菜肴质感较其他炸法酥松得多，故名“酥炸”。酥炸源于清炸，但与清炸有明显的区别：一是酥炸使用入味的熟料，而清炸大多使用腌制后的生料。二是酥炸要挂糊处理，而清炸原料直接入油锅加热。酥炸常用的糊有全蛋糊、蛋清糊、水粉糊和脆浆糊等。代表菜肴有琵琶大虾 、脆皮炸鲜奶、香酥鸡等。

【菜例】 脆皮炸鲜奶

原料：鲜奶 300 克，椰汁 75 克，上汤 15 克，鹰粟粉（类似玉米粉）40 克，蛋清 125 克，生粉 12 克，精盐 3.5 克，脆浆 250 克，花生油 1500 克（实耗 100 克）。

制法：

（1）把鲜奶、上汤、椰汁、鹰粟粉（类似玉米粉）、蛋清、生粉、精盐混匀，倒入干净的锅中加热，不断拌至熟，倒入已抹上油的盆中铺平冷却切块。

（2）把冷却后的椰奶切成长 6 厘米，宽和高 1.5 厘米的小方条，均匀地粘上层脆浆后，放入 150℃的沸油中炸至表面呈金黄色而且酥脆，捞起，滤干油排于碟中即成。

特点：外脆里嫩，金黄香甜。

【菜例】 吉列海皇卷

原料：威化纸 12 件，腌虾仁 100 克，蟹肉 100 克，腌带子 50 克，苹果 100 克，菠萝 50 克，奇妙酱 100 克，精盐 2 克，沙拉酱 150 克，面包糠 75 克，鸡蛋 2 个，植物油 1500 克（实耗 75 克）

制法：

（1）烧锅下清水烧沸，把腌虾仁、腌带子用沸水焯水至熟，晾凉后，加入蟹肉、苹果粒、菠萝粒，调入精盐 2 克、奇妙酱 100 克拌匀分成 12 等份。

（2）把威化纸摊放在案桌上，放入馅料，卷包成长“日”字形，用蛋浆封口。

（3）猛火烧锅，下油至 150℃，将海鲜卷拖蛋液粘上面包糠，投入油锅中浸炸至色泽金黄，捞起沥去油，最后，将每条海鲜卷成圆形摆放在碟中，另跟沙拉酱 50 克作佐料即成。

特点：外脆里嫩，色泽金黄。

（三）脆皮炸

脆皮炸是指将经过初步熟处理后的带皮原料表面涂抹麦芽糖浆，晾干后，放入油锅中浸炸，使成菜外皮松脆的烹调方法。成品表皮色泽枣红，香脆，光润红亮。

工艺流程：选料→初步熟处理→抹糖浆→晾干→炸制→装盘成菜

脆皮炸特色在皮，故原料都取带皮的原料，如鸡、鸭、鸽、鱼等。带皮的原料抹上糖浆（多用麦芽糖、料酒、醋按一定的比例调和而成），经热油炸制，产生了焦糖化反应，使菜肴外皮增加了比一般菜肴更为突出的酥脆性，形成独有的特色。如果不抹糖浆或改用其他涂料炸，其脆性则大为逊色。广东菜中的“脆皮鸡”为脆皮炸中的名菜。

【菜例】 脆皮鸡

原料：光体嫩母鸡一只重 1250 克，麦芽糖 50 克，料酒 20 克，醋 5 克，淀粉 15 克，植物油 2500 克（实耗 100 克），花椒盐和酸辣酱各一小碟，炸虾片适量。

制法：

（1）将光鸡的眼球刺破（防止油炸时爆裂），洗净，放入开水锅中焯烫约半分钟，捞出控水，用针刺上 30 个针眼，择净小细毛和黄衣，待用。用碗一只，放入饴糖、料酒、醋、淀粉搅匀，调成饴糖浆。

（2）将鸡放入白卤水锅中，卤煮约 15 分钟，煮至入味、断生，捞出，控水。用洁布擦干水分，然后用铁钩钩住鸡的双眼挂起，涂抹饴糖浆。上好糖浆后，即可吊挂通风口处吹 2～4 小时，直至鸡皮吹干发硬为止。

(3)锅架火上，放入植物油，用旺火烧至六七成热，将鸡放入炸至鸡皮松脆并呈金红色时即可捞出控油。

(4)鸡炸好后要立即趁热改刀，码入盘内排成鸡形即成。最后将炸好的虾片放在鸡的周围作为饰品上桌，另跟椒盐或果汁味碟蘸食。

特点：此菜制法独特，鸡皮大红，虾片雪白，皮脆、肉鲜、骨香。

(四)软炸

软炸是指将质嫩、形小的原料，腌渍入味、挂糊后投入大油锅中，炸至外香软内鲜嫩而成菜的烹调方法。成品具有外香软内鲜嫩，色泽淡黄的特点。

工艺流程：选料→切配→腌渍→挂糊→油炸→装盘成菜

软炸的口感主要是由所使用糊料的性质决定的。多以蛋为主加淀粉调制的糊，具体有蛋清糊、蛋泡糊两种。由于主料细嫩，加工的块形又小，而且糊料在油炸中形成了保护层，所以形成了外香软内鲜嫩的特色。有的地区把挂蛋泡糊的软炸法叫作“松炸”，菜名也冠以“松炸”两字，如松炸口蘑、松炸鱼条、松炸夹沙香蕉等，这类制品具有外松软、内软嫩、色泽乳白、蓬松饱满的特色。

【菜例】 金钱鸡盒

原料：肥膘肉 250 克，鸡肉馅 150 克，白糖 25 克，汾酒 5 克，干淀粉 150 克，蛋清浆 150 克，淮盐，植物油 1500 克(实耗 100 克)。

制法：

(1)先将洗净的肥肉切成直径约 4.5 厘米，厚约 1 毫米的圆形件，共 32 件，用汾酒腌 30 分钟。然后排在 16 件撒有干淀粉的碟上，将鸡肉馅挤为 16 个丸形，放在肥肉件中间，将香菜叶分放在鸡肉丸上，再把另一件肥肉件粘上薄干淀粉，用手拧实，即成盒形。

(2)烧锅落油，待油烧至 120℃时，将鸡盒挂上蛋清浆，放入油里炸熟，以象牙色为度，捞起，砌放在碟上，跟淮盐上席即成。

特点：色黄，外脆里嫩，形似铜钱，肥而不腻。

(五)卷包炸

卷包炸是指将加工的细小原料或茸泥经调味后，用薄片状的辅料卷包好，再拍粉或挂糊，投入油锅中，炸制成菜的烹调方法。成品具有成型整齐美观，外酥脆里鲜嫩的特点。

工艺流程：选料切配→腌渍→卷或包→炸制→装盘成菜

这种技法采用了卷、包加热炸制的方法，既能保护好原料的鲜味，又能使用多种原料加以组合，形成了丰富的口味和美观的造型。

卷包炸所用主料都是易熟的鲜嫩原料，所用原料都不能带骨头。同时，根据炸的需要都要加工成小块、小片、细条、细丝或剁成泥状馅料。原料加工成型后都用调料腌渍入味，卷包用的外皮主要有猪网油、鸡蛋皮、豆腐皮、糯米纸、玻璃纸等。此外，还可以用片至细薄的肉片、鸡肉片、鱼肉片和大白菜叶等作卷、作包的皮。凡用外皮包裹成为卷筒形的称为“卷”，包裹成长方形、方形、三角形或像生形的就叫“包”，把用糯米纸或玻璃纸包裹的称为“纸包”。卷包炸法的具体方法十分细腻，要求也极为严格，用此法创制的名菜也久负盛誉。如江苏菜的“卷筒黄鱼”“美味鸭丝卷”，浙江菜的“炸响铃”，四川菜的“蚝油纸包鸡”等。

【菜例】 纸包鸡

原料：鸡脯肉 200 克，玻璃纸一大张，酱油 5 克，盐 2 克，料酒 15 克，味精 1.5 克，糖 5 克，葱段 10 克，姜片 8 克，蚝油 25 克，植物油 750 克(实耗 60 克)。

制法：

(1)将鸡脯肉片去外皮，洗净，片成长 5 厘米、宽 3 厘米、厚 0.15 厘米的薄片，放入碗内，加入酱油、盐、料酒、味精、糖、葱段、姜片等搅拌均匀，腌 5～10 分钟。入味后拣出葱段、姜块。

(2)将玻璃纸裁成 16 厘米见方的方块纸，分别放在案板上，在每块纸上放上带汁鸡肉片，包好，折叠成四角包，包边留一掖角，便于食时夹住及打开。全部包好即成纸包鸡坯料，待用。

(3)锅架火上，放入植物油，烧至四五成热，将纸包鸡坯料放入浸炸。当坯料浮起时，用手勺按入油中，并适当翻身。当油温升到六成热时，要立即捞出控油，装盘上桌。在炸的过程中切忌油温过高，以免把玻璃纸炸黄。

特点：香气四溢，肉质鲜嫩，原汁原味。

二、炒

炒是指将加工成为细小形状的原料，采用旺火少油量快速加热成菜的烹调方法。炒法具有选料广泛，原料成型小(以丁、丝、条、片、粒为主)，加热时间短促，味型丰富，质感多样的特点，已成为应用范围广泛、分支较多、风味各异的烹调方法。厨师们常把“炒”字作为一切热菜技法的总称，称为“热炒”。根据工艺和成菜特点，炒又分为生炒 、干煸、滑炒、软炒、熟炒五种。

(一)生炒

生炒就是将加工的小型生料不经腌渍和上浆，用旺火热油经短时间加热、调味而成菜的炒法。成品具有清淡脆嫩的特点。

工艺流程：选料→切配→快速炒制→装盘成菜

在众多炒的技法中以生炒的历史为最悠久。由于加热前原料不腌渍、不上浆，加热中原料接触短时间的高温，调味层次清楚分明，充分体现原料自身的质地特点和鲜美滋味，使菜肴具有清新、鲜浓、脆嫩的效果。

(二)干煸

干煸是指将加工细小的生料，不经腌渍、上浆，直接入锅煸炒直到原料内部水分煸干、调味料充分渗入原料内部，成品干香酥软的烹调方法。

工艺流程：选料→切配→较长时间煸炒→装盘成菜

干煸与生炒相似，其区别在于干煸是用较低油温长时间加热。本来旺火热油、短时间加热是炒法的主要机理，而干煸则属炒法中的特殊技法。干香、味厚，原料表层质感酥脆香浓是干炒的特色。

干煸多选用质感脆嫩或柔软的原料，如牛肉、鱿鱼、冬笋、茭白、扁豆、豆角等。重用葱、姜、蒜、醋、豆瓣辣酱等增香的配料和辛香味浓的调料。四川菜的“干煸牛肉丝”“干煸四季豆”是干煸菜的代表。

【菜例】 干煸四季豆

原料：四季豆 500 克，猪肉 100 克，泡辣椒 50 克，酱油 10 克，盐 6 克，醋 5 克，糖 3 克，味精 2 克，蒜茸 15 克，植物油 80 克，香油 10 克。

制法：

(1)将四季豆去筋，切成长 6～7 厘米的段。猪肉洗净剁成碎末，泡辣椒切粒备用。

(2)锅架旺火上烧热，放入植物油，烧至五六成热，改用中火，保持油温，下入四季豆不断翻炒，炒两三分钟，下盐，继续翻炒五六分钟，炒至四季豆水汽已干，加进泡辣椒、蒜茸炒匀，随即下入酱油、糖等调料，移至旺火，卤汁收干时，烹入醋，放入味精，淋入香油，装盘即成。

特点：干香、味厚，质感酥脆香浓。

(三)滑炒

滑炒是指将加工成小型的原料，经上浆、滑油后，再回锅调味，勾芡炒制成菜的烹调方法。

工艺流程：选料→切配→上浆→滑油→调味勾芡→装盘成菜

滑炒主料要求新鲜无异味，多选用动物性原料肌肉最嫩部位，而配料则以新鲜脆嫩的时令蔬菜为主。经过上浆和低温滑油，使原料表层形成薄膜，既保存了原料内部水分的鲜味，又减少了原料外部水分过多流失，形成滑炒菜肴滑、嫩、脆、爽的质感，成为各种炒法中质感最嫩的一种技法。更因勾芡的作用，使菜肴明油亮芡、卤汁紧包。菜肴有韭黄炒鸡丝、菠萝炒鸡片、银针炒肉丝等。

【菜例】 滑炒里脊丝

原料：猪里脊肉 200 克，冬笋丝 50 克，莴笋丝 50 克，鸡蛋清一个，盐 3 克，料酒 5 克，味精 2 克，葱丝 20 克，淀粉 15 克，植物油 1000 克(实耗 60 克)，香油 5 克，鲜汤适量。

制法：

(1)将猪里脊肉洗净，片成厚约 0.3 厘米的大片，再顺丝切成长 5 厘米、宽 0.2 厘米的细丝，放入碗内，加鸡蛋清、湿淀粉、盐 1 克抓捏均匀上浆。将盐 2 克、味精、料酒、香油放入碗内，再加适当鲜汤调成味汁。

(2)锅架火上，放入植物油烧至五成热，将浆好的里脊肉丝抖散，下入锅内，滑约半分钟，即端锅倒入漏勺内沥油。

(3)锅回火上，放入植物油 50 克烧至七成热，先下葱丝，爆出香味后随即放入冬笋丝、莴笋丝翻炒片刻，随即放入肉丝翻炒均匀，倒入调制好的味汁，颠翻几下翻匀装盘即成。

特点：肉丝洁白滑嫩，明油亮芡。

【菜例】 菠萝炒鸡片

原料：鸡脯肉 250 克，净菠萝 200 克，青红椒各一个，鸡蛋清一个，精盐 5 克，味精 3 克，料酒 5 克，糖醋汁 50 克，湿淀粉 10 克，姜片、葱段各 5 克。

制法：

(1)鸡脯肉切片，加蛋清浆腌制。青红椒、菠萝切菱形片备用。

(2)加油加热至 3～4 成时，将鸡片、青红椒滑油。

(3)底油，下料头炝锅，随即放入主配料，调味，下糖醋汁翻炒，勾芡加包尾油即可。

特点：鸡片滑嫩，菠萝酸甜可口。

(四)软炒

软炒是将液体原料或茸泥状原料调制后，下锅推炒成熟凝固的一种方法。主要用料有禽、蛋、鲜奶以及茸泥状原料，菜肴以清香软嫩、富于营养著称。

工艺流程：选料→液体原料加调料、辅料拌匀→炒制凝固→装盘成菜

软炒的技术难度较大，炒时火力以中小火为主。著名的菜肴有大良炒鲜奶、三不粘、炒翡翠鸡茸、清影鸡蛋羹等。

【菜例】　大良炒鲜奶

大良炒鲜奶，此菜源于广东顺德市大良镇。大良古称凤城，为鱼米之乡。人们在饮食上比较讲究，尤其善于炒与蒸制各类菜肴，故有“凤城炒卖”之说。炒鲜奶一菜，已有上百年的历史。其菜摊在盘中，状如小山，色泽白嫩，香绿清白，十分受人欢迎。在广东及上海、香港、澳门等地均有此菜，盛名不衰，久吃不厌。

原料：鲜牛奶 250 克，熟鸡肝 25 克，熟蟹肉 25 克，熟虾仁 25 克，炸榄仁 25 克，熟火腿 15 克，鸡蛋清 250 克，盐 2.5 克，味精 2 克，淀粉 20 克，熟猪油 80 克。

制法：

(1)取牛奶 50 克放入碗内，加入淀粉调匀。滑熟的鸡肝、虾仁、肉及炸榄仁等均切成碎料。熟火腿切成 0.2 厘米的小粒。鸡蛋清放入另一碗内，加盐和味精搅匀。

(2)锅架火上，下入其余牛奶 200 克，用中火烧至微沸，离火冷却，盛入碗内，加调制好的牛奶淀粉浆和搅匀的蛋清以及熟鸡肝、虾仁、蟹肉、火腿碎粒等，一并搅拌均匀，即成炒鲜奶的奶料。

(3)用一锅架在火上，用中火把锅烧热，放入 10 克熟猪油滑锅，滑好倒出，再放进熟猪油 25 克，中火烧至五六成热，下入拌好的奶料，用手勺不停地顺着一个方向炒，边炒边向上翻动，当奶料炒成稠厚羹状时，撒入榄仁，淋入余下的熟猪油 5 克继续炒匀，即可盛大盘内，在盘内堆成美观的山形即成。

特点：色泽乳白，光洁嫩滑，风味特殊。

(五)熟炒

熟炒是指将经过初步熟处理后的原料，经切配、用旺火热油加热、调味而成菜的烹调方法。成品具有质地软熟、鲜香入味的特点。

工艺流程：选料→初步加工→熟处理→入锅加热、调味→装盘成菜

熟炒是在生炒基础上形成的，它克服了生炒用料的局限性，扩大了炒菜的用料范围，丰富了菜肴的花色品种。熟料再经过炒制后，既挥发了自身的芳香气味，又吸收了调味料的香气，产生浓郁的香气和醇厚的滋味。因熟料不同，就会有的鲜嫩，有的酥嫩，有的软糯，也有的柔韧耐嚼，增加了菜肴的风味。名菜有四川的“回锅肉”、江苏的“软兜带粉”、广东的“潮州炒肚片”、福建的“红糟肉”，以及北京的“炒烤鸭丝”等。

【菜例】 回锅肉

图 4—8 回锅肉

原料：猪带皮五花肉 500 克，青蒜 100 克，酱油 10 克，豆瓣酱 25 克，甜面酱 10 克，花生油 60 克。

制法：

(1)将猪带皮五花肉刮洗干净，切成大块，放入汤锅内，用旺火沸水煮约 30 分钟，煮至肉皮变软、肉已断血、六七成熟时，捞出控水，晾至冷透。然后改刀切成长 6 厘米、宽 4 厘米、厚 0.2 厘米的大薄片。青蒜洗净，切成段，豆瓣酱剁碎备用。

(2)锅架火上，放入花生油，烧至六七成热，下入切好的熟肉片，用旺火快速翻炒，炒至肉片出油，并且卷缩成形似灯盏窝状的花形时，即可下入剁碎的豆瓣酱，炒至肉片上色红亮时改为中火，下入甜面酱同炒，炒到酱香味溢出时加入酱油炒匀，最后放入青蒜段翻炒几下，见青蒜断生即可盛盘。

特点：质地软熟、鲜香入味。

三、煎

煎是指将经糊浆处理的扁平状原料平铺入锅，加少量油用中小火加热使原料表面呈金黄色而成菜的技法。煎制菜肴具有色泽金黄、外酥脆内软嫩、不带汤汁的特色。

工艺流程：选料→刀工处理→腌渍及糊浆处理→入锅加热→装盘成菜

煎法成菜的质感与炸法类似，原料都是在受热过程中形成脆硬表层，保持了原料内部的水分和鲜味，取得外松脆内软嫩的效果。但煎法用油量较少，一般以不淹没原料为度，使用火力以中小火为主，较长时间加热。

根据原料加工、调味手法、加热方式等的不同，煎法可分为干煎、软煎、蛋煎、煎封等法。名菜有干煎鳜鱼、果汁煎鸡脯、蛋煎银丝鱼、煎封鲳鱼等。

【菜例】　干煎鳜鱼

原料：鳜鱼一条重750克，香菜叶10克，青蒜小段5克，鸡蛋两个，盐10克，味精2克，料酒20克，糖5克，姜汁10克，熟猪油100克，香油20克，熟鸡油10克，淀粉25克，鲜汤适量。

制法：

（1）将鳜鱼宰杀洗净，用刀在鱼身的两面分别剞上三至五刀斜深的一字花刀，放入盘内，先用少许料酒、姜汁、部分盐及少许味精腌渍约15分钟。鸡蛋打入碗内，调散成液。

（2）碗内放入其余的料酒、味精、盐、姜汁、糖、青蒜小段，再加适量鲜汤，调成调味汁。

（3）锅架火上烧热，放入熟猪油、香油，烧至六七成热时，将腌好的鱼两面都均匀沾上一层淀粉，再挂上一层鸡蛋液，下入锅中用中小火煎制。煎至鱼肉成熟，两面色泽金黄时，把锅内的余油沥出，烹入调味汁，再用中旺火收汁，收汁时要不断晃锅防止鱼身粘锅。待锅内无汁时把鱼盛出装盘，撒上香菜叶。

（4）另用一锅架在火上烧热，放入熟鸡油，溶化以后浇在鱼身和香菜叶上即成。

特点：色泽金黄、外酥脆内软嫩，口味鲜美。

四、爆

爆是指将质地脆嫩的动物性原料经过刀工处理、腌渍上浆后，利用旺火高热油温快速加热成熟的烹调方法。爆的菜肴具有形态美观、脆嫩爽口、紧汁亮油的特点。

工艺流程：选料→切配→焯烫→过油→回锅芡汁调味→装盘成菜

爆法强调旺火高温经快速操作，使原料在瞬间受高热，使原料形成质感脆嫩的效果。原料一般选用新鲜、脆性的原料为主，如猪牛羊的肚、禽类的肫和海产品的鱿鱼等，因韧性原料在这种加热条件下爆裂出花朵形状，就起名为“爆”。爆法是使用的火力最强、操作时间最短、成菜最快的烹调方法。爆制好的菜肴卤汁一般均要达到“有汁不见汁，色泽鲜明，油汁紧裹不泻，食后盘内无汁”的要求。爆分为葱爆、酱爆、芫爆、盐爆、姜爆等。名菜有油爆肚仁、爆双脆、爆鱿鱼卷、爆海螺、油爆大虾等，往往是高级宴席上不可缺少的菜肴。

【菜例】　油爆水晶虾仁

图4—9 油爆水晶虾仁

原料冰鲜虾仁 300 克，姜花 5 克，葱榄 5 克，精盐 6 克，湿淀粉 10 克，味精 3 克，麻油、胡椒粉适量，生油 75 克，蒜茸 5 克，绍酒 15 克。

制法：

(1)虾仁先用枧水腌 15 分钟，后用清水漂清碱味，挑去虾肠备用。

(2)二汤 35 克加湿淀粉，麻油，胡椒粉，盐 4 克，味精 3 克调成碗芡。将虾仁飞水，沥干水分后将锅洗净，烧锅落油加热至 150℃，放入虾仁，拉油至热，倒在笊篱里，去清锅中油，随即落姜花，葱榄 5 克，绍酒，调入碗芡炒至成熟，加包尾油即可上碟。

特点：口味咸鲜、形似水晶、质感脆嫩。

【菜例】 芫爆肚片

原料：净猪肚 250 克，香菜段 150 克，鸡蛋清 3 个，盐 3 克，味精 1.5 克，料酒 15 克，胡椒粉 1.5 克，醋 10 克，葱丝、姜丝、蒜片各 10 克，香油 5 克，猪油 750 克(实耗 50 克)。

制法：

(1)将猪肚切成 2.5 厘米宽的条，再改刀切成斜象眼块，放入碗内，加部分盐、味精、料酒、鸡蛋清和少量水搅拌均匀。另用一碗，放入香菜段和余下的料酒、盐、味精、胡椒粉、葱丝、蒜片、姜丝、醋和适量汤水，调成味汁。

(2)锅架火上，放入猪油，用旺火烧至八成热，将肚片倒入油锅内一过，急速捞出控油。

(3)原锅留少许油，烧热，把肚片放回，烹入味汁，迅速颠翻均匀，淋入香油，即可出锅。

特点：脆嫩爽口，紧汁亮油，有浓郁的香菜清香味。

五、熘

熘是指将加工整理好的原料腌渍入味，挂糊、上浆后经油炸、滑油或蒸煮的初步熟处理，再调制不同滋味的芡汁沾裹或浇淋于原料表面的烹调方法。因最后一道工序都要“熘汁”，故称为“熘”法。

熘法可分为脆熘、滑熘、软熘三种。

(一)脆熘

脆熘是指将加工好的原料腌渍入味，再经挂糊、旺火炸熟后，最后采用熘汁调味成菜的烹调方法。因成品外脆里嫩，故称为“脆熘”。有的地区称为炸熘、焦熘。成品具有外脆里嫩，口味丰富的特点。

工艺流程：选料→切配→挂糊→炸制→熘汁→装盘成菜

脆熘多数原料都是切成条、块、片等小型料，也可用整料，但加工时应用刀将原料拍松或剞上花刀。所有脆熘原料油炸时，必须挂上一层厚糊或拍上一层干淀粉，才能形成焦酥香脆的口感。脆熘菜肴的风味特色在很大程度上是由味汁体现的，所以，尽可能地使用复合味型来调制味汁。常见的味型有麻辣、酸辣、咸甜、酸甜、糟香、鱼香、酱香等。脆熘菜肴必须趁热食用，如放置过久，菜肴变凉，也就失去了脆熘菜肴外脆里嫩的特色。著名的菜例有“松鼠鳜鱼”“梁溪脆鳝”“糖醋咕噜肉”“糖醋鲤鱼”等。

【菜例】 糖醋排骨

原料：嫩排骨 400 克，干淀粉 150 克，吉士粉 15 克，糖醋汁 250 克，味精 1 克，精盐 1.5

克，花生油 1500 克，蚝油 100 克，清水 25 克，番茄粒 50 克，青椒粒 30 克。

制法：

(1)嫩排骨洗净后斩成长约 2 厘米长的段，放盐和味精拌匀，再加入生粉，吉士粉清水拌匀。

(2)武火烧锅落油，加热至 150℃时，将排骨逐一放入，炸至排骨颜色金黄，外脆里嫩时，倒入笊篱里，随即倒入糖醋汁，勾芡，放入排骨拌匀，落尾油即成。

特点：色泽红润，外脆里嫩，酸甜可口。

【菜例】 古老肉

图 4—10 古老肉

古老肉又名咕噜肉，这是广东的一道传统名菜。此菜始于清代，当时在广州市的许多外国人都非常喜欢食用中国菜，尤其喜欢吃糖醋排骨，但吃时不习惯吐骨。广东厨师即以出骨的精肉加调味和淀粉拌和制成一只只大肉圆。先入油锅炸至酥脆，再用糖醋卤汁调和，使肉粘上卤汁，色泽金黄，卤汁鲜香，味甜可口。原来此菜称为“糖醋排骨”并不出名，但历史较久，一经改制后，极受世人欢迎，便改称为“古老肉”。外国人发音不准把“古老肉”常叫作“咕噜肉”，因为吃时有弹性，嚼肉时有咯咯声，故长期以来这两种称法并存。此菜在国内外享有较高声誉。

原料：猪夹心肉 300 克，菠萝 200 克，葱 2 克，蒜茸 1 克，青椒 30 克，精盐 1.5 克，干淀粉 100 克，净鸡蛋 30 克，糖醋汁 300 克，吉士粉 10 克，植物油 750 克(实耗 100 克)。

制法：

(1)将猪肉、菠萝改为橄榄形，青椒切成菱形片。

(2)将猪肉加盐 1.5 克，蛋液 30 克，湿粉 10 克，吉士粉 10 克拌匀，拍上干粉。烧锅下油，滚油炸猪肉至熟呈金黄色时，倒在笊篱里，随即放入葱、蒜茸、辣椒、菠萝、糖醋汁，勾芡，再加入猪肉拌匀，最后加包尾油即成。

特点：选用夹心肉作主料，嫩中带脆，色泽红润，酸甜可口。

(二)滑熘

滑熘是指将加工好的小型原料，经腌渍、上浆后，用温油滑至断生，再浇淋适量的芡汁淋汁或沾裹芡汁成菜的烹调方法。成品质感滑嫩，鲜醇清香。

工艺流程:选料→初步加工→腌渍、上浆→油滑→熘汁→装盘成菜

滑熘菜肴之所以有异常滑嫩的口感，主要决定于三大因素:一是所用主料质地细嫩，多选用禽畜肉类、鱼类原料细嫩部位。二是上浆保护。三是使用恰当火候，滑油时原料断生即可，熘汁时速度要快，使原料熟而不老。滑熘菜肴的口味一般以鲜咸、酸甜滋味为多，大多数菜肴不用或少用有色的调味料，所以菜肴的色泽大都白净雅洁，芡汁明亮。名菜有广东菜“香滑鲈鱼球”、福建菜“糟熘鱼片”、江苏菜“富贵鱼米”等。

【菜例】 香滑鲈鱼球

原料:鲈鱼一条750克，菜远350克，姜花2克，胡萝卜花5克，芦笋片10克，上汤75克，味精2.5克，精盐6克，绍酒15克，胡椒粉0.2克，麻油1克，湿蹄粉15克，蛋清浆15克，白糖1克，植物油1000克(实耗50克)。

制法:

(1)鲈鱼宰杀出肉，改刀成长6厘米、宽3厘米、厚6毫米的块，然后用精盐1克，蛋清浆15克拌匀。

(2)用花生油起锅，下菜远加精盐3.5克炒至9成熟，整齐地摆在碟子中。

(3)锅入油烧至四成热时，下鱼球滑油至六成熟，倒出后再烧锅放入姜花，胡萝卜花，鱼球，烹入绍酒，浇上汤，调入精盐1.5克，味精，白糖，胡椒粉，加湿蹄粉，推匀，再加麻油和包尾油拌匀，盛装于菜远上即成。

特点:鱼球色泽洁白，滑嫩鲜美。

(三)软熘

软熘是指将加工处理好的原料用水煮或用汽蒸的方法，加热至断生，浇上味汁成菜的烹调方法。成品滋味清鲜，质感极为软嫩，故取名“软熘”。

工艺流程:选料→切配加工→水煮或蒸→熘汁→装盘成菜

软熘与其他熘法的区别在于成熟的方法，其他熘法的预制处理必须过油，或炸或滑，软熘法的预制处理则一概不过油，而采用水煮、汽蒸的方法。可用于制作软熘菜肴的原料很少，对原料品质的要求又极高，软熘菜肴只能用水产品的鱼类原料，而且必须鲜活，不新鲜的、死的都不能用。软熘菜品虽不多，但均富有特色，如浙江菜的“西湖醋鱼”、山东菜的“五柳鱼”等。

【菜例】 五柳鲩鱼

原料:活草鱼一条净重750克，五柳料75克，酱油75克，醋50克，料酒25克，白糖60克，湿淀粉50克，姜末10克，鲜汤适量。

制法:

(1)取活草鱼一条，用刀面将其敲晕，刮鳞去鳃，取出内脏，洗净。在鱼的两面分别剞上五刀刀纹，刀纹深度合适，再洗净烹制。

(2)锅架火上，放入清水，用旺火烧至滚开后，将鱼下入锅内浸煮，当水再开时撇去浮

沫，即可移至中小火上继续煮 3 分钟，煮至鱼的划水竖起、鱼眼白珠突出时即可捞出。捞出后控干水分，鱼皮朝上平放在盘内。

(3)另用净锅架在火上，放入酱油、糖、姜末和适量鲜汤，烧开后放入五柳料，再加入醋和湿淀粉勾芡，用手勺搅炒均匀成为浓汁，浇在盘内鱼身上，再淋入少许香油即成。

特点：色泽红亮，肉质鲜嫩，酸甜可口。

六、拔丝

拔丝是指将经过加工处理的原料挂糊油炸，放入熬好糖浆的锅内搅拌均匀，食用时能拔出缕缕糖丝的烹调方法。成品具有色泽金黄、口味香甜、质感或松脆软嫩或酥烂绵糯的特点。

工艺流程：选料→初步加工→切配→挂糊→油炸→熬糖浆→沾裹糖浆→装盘成菜

拔丝法主要用于制作甜菜，是中国甜菜制作的基本技法之一。成菜以后，用筷子夹出主料，能拔出缕缕糖丝，再在凉开水碗内一蘸，粘在主料表面的糖浆即凝固成一层晶莹、明亮、松脆、香甜的薄壳，拔出的糖丝则缠绕在薄壳上，食之别有风味，能为宴席增添欢快情绪，活跃气氛。蘸水目的，一是使糖浆变得酥脆，二是避免吃时烫嘴。

拔丝常用的原料是根茎蔬菜、鲜果，如山药、苹果、香蕉、马蹄等，干果类的莲子、白果，畜肉及蛋制品的使用也较多。原料在使用前都要进行去皮、壳、核、籽，以及去骨等加工处理，要加工成块、片、条和茸球等小型形状，有的可取自然形态。拔丝菜肴成菜后要及时上桌，防止温度下降糖丝不易拉出。菜肴有拔丝苹果、拔丝山药、拔丝马蹄、拔丝芋头等。

【菜例】　拔丝芋头

原料：芋头 500 克，糖 150 克，脆浆 200 克，植物油 1000 克(实耗 80 克)。

制法：

(1)将芋头去皮、洗净，切成长约 4 厘米的菱形滚料块，入开水锅中焯水片刻，捞出控水。

(2)锅入油烧至六成热，将芋头块挂上脆浆，入油锅炸至表面变脆并呈均匀金黄色时，即用漏勺捞出，控净油。

(3)锅留底油 25 克，加热至四五成热时，下入白糖，用手勺不断搅拌，搅到糖已化开成为液体，糖液的浓度由稠变稀，糖液冒起的泡由大变小，糖液的色泽由浅黄变金黄，并微有黏性起丝时，迅速倒入芋头块，颠翻几次，使糖浆裹住原料，然后盛入抹过香油的盘子内上桌。另跟一碗凉开水，食时，用筷子夹住裹匀糖浆的芋头块，在凉开水中蘸食。

特点：色泽金黄，外香脆里软糯，口味香甜。

七、挂霜

挂霜是指将加工预制的半成品或熟料放入熬好糖浆的热锅内，挂匀糖浆，取出迅速冷却，表面泛起白霜的烹调方法。挂霜菜色泽洁白似霜，形态美观雅致，口感油润、松脆、干香。

工艺流程：选料→加工预制→入糖浆锅挂浆→取出晾凉泛霜→装盘

挂霜法也是中国烹饪甜菜的基本技法之一。挂霜熬的糖浆较拔丝“嫩”，不上色、黏性较小，拔不出丝，但凉后能泛起白霜。霜是由糖溶液受热重新结晶的特性形成的。

挂霜法在有的只在主料上撒上糖粉，也似白霜，但它的外观和口感比用熬糖制成的挂霜制品相去甚远。

【菜例】 挂霜腰果

原料：腰果 500 克，椰丝 25 克，白糖 200 克，干淀粉 15 克，植物油 1000 克（实耗 70 克）。

制法：

(1)将腰果先放入淡盐水中煮 10 分钟，捞出备用。

(2)锅入油烧至三四成热时，投入腰果浸炸，见腰果呈淡黄色、质地变脆时，立即捞出，控干油，并用洁布包起，吸净附着在腰果上的油。

(3)另用锅上火，放入生油 30 克和白糖，先用旺火加热，见糖溶化，即改为小火继续搅熬，熬至糖浆起泡、起黏、老嫩程度适当时，倒入炸好的腰果。端锅离火，撒上干淀粉和椰丝，颠翻均匀，腰果挂匀糖浆时，采取降温措施迅速散热，待冷却后的腰果自然散开，即可装盘上桌。

特点：色泽洁白似霜，形态美观雅致，口感松脆、香甜。

第三节 汽烹法

汽烹法是使用水蒸气作为导热介质，对原料加热成菜的多种技法的总称。

汽烹法与火烹法、油烹法相比，汽烹法能够使原料取得酥嫩、软烂等效果，但不能取得增色和脆化的效果，这是因为蒸汽没有焦糖化反应的全部条件。但是蒸汽作为一种导热介质，却有着许多的优势，其主要优点有：(1)能够保持原料的原汁原味。(2)蒸汽的温度比水的沸点温度高，可达到 105℃左右，而且蒸汽能形成一定的气压，且湿度饱和，可以促使原料较快成熟。(3)在加热时，由于用的气量大小不同，加热时间长短不同，原料能形成嫩、软、酥、烂等不同质感。(4)能够保持原料形态的完好，不会破坏菜肴的整体形象。(5)适应性强，可以大量制作，省事、省时，出菜快。蒸，是汽烹法中唯一的技法。

蒸

蒸是指将刀工处理后的原料经腌渍后放入蒸笼内，用蒸汽加热使原料成熟的烹调方法。成品具有菜形美观，色泽鲜艳，原汁原味的特点。

蒸制所用的原料，以新鲜度为首要条件。蒸菜讲究原料的本味和原汁原味。如原料不新鲜，这一要求就无法实现。鱼虾等水产类原料，必须是活料。原料蒸前多要腌渍入味，出笼后利用蒸制中的汤汁，或用鲜汤加调味品另行制成味汁浇上定味。加热时要掌握好菜肴蒸制的火候与时间，质地细嫩的蒸菜应用旺火沸水速蒸的火候。要求质感软烂、质老难熟或体大形整的蒸菜应用旺火沸水长时间蒸的火候。蒸制质地细嫩的花色菜肴应用中小火沸水缓蒸的火候。

根据菜肴蒸制时的具体方法及其风味特色的区别，通常又分为清蒸、粉蒸等。

(一)清蒸

清蒸是指将经过加工处理后的原料放入容器内，加调料及少量汤水（有的不加）后置于笼屉内，用旺火短时间加热成菜的烹调方法。成品具有鲜醇味香，清淡纯正的特点。

工艺流程：选料→切配→腌渍预制→蒸制→出锅→装盘成菜(有的装盘后需浇淋味汁)

清蒸菜肴讲究清淡鲜醇，因此，在清蒸中所用油脂较少，不用深色调料，也极少用香料，尽可能地突出原料自身特有的滋味，保持原汁原味的特色。常见的味型有咸鲜味、豉油味、豉汁味、蒜泥味、咸辣味等。

用清蒸这种技法制作的名菜很多，如誉满国内外的湖北菜“清蒸武昌鱼”、江苏菜“清蒸鲥鱼”、广东菜“北菇蒸滑鸡”“清蒸鲈鱼”等。

【菜例】　清蒸鲈鱼

图 4—11　清蒸鲈鱼

原料：鲈鱼一条重约 600 克，姜、葱各 50 克，鱼汁 75 克，精盐 3 克。

制法：

(1)将鲈鱼放在砧板上拍晕，打清鱼鳞。于肛门处开一刀，将鳃根割断，用竹筷从口往鳃部插至肛内，将鱼鳃和内脏一起夹出洗净，用盐将鱼身抹匀。

(2)用腰盘一个，下垫长葱，将鱼放上，撒上姜丝，用花生油 50 克淋在鱼身上，放入蒸笼，以旺火蒸约 10 分钟至热，取出，撒上葱丝，淋上热油和鱼汁即可上席。

特点：此菜讲究火候，清鲜肉滑，细嫩无小刺。

【菜例】　北菇蒸滑鸡

原料：光鸡一只约 500 克，湿北菇 100 克，精盐 5 克，白糖 2 克，味精 3 克，淀粉 5 克，绍酒 10 克，蚝油 10 克，姜片 5 克，葱段 5 克，植物油 50 克。

制法：

(1)光鸡洗净斩件用精盐 5 克，白糖 2 克，味精 3 克，淀粉 5 克，绍酒 10 克，蚝油 10 克，姜片 5 克拌匀，腌制 5 分钟与湿北菇拌匀平铺于碟面上。

(2)将鸡块入蒸笼旺火蒸 15 分钟取出，撒上葱段，淋少许沸油即可。

特点：鸡块滑嫩鲜美。

(二)粉蒸

粉蒸是指将经过加工处理后的原料放入容器内，加调料、炒香的米粉及适量的汤水搅匀，入屉上笼，用旺火长时间加热成菜的烹调方法。成品具有色泽金黄或红润油亮，软糯滋润，醇香浓鲜，肥而不腻的特点。

工艺流程：选料→切配→腌渍→拌米粉→蒸制→装盘成菜

粉蒸原料拌入米粉一同蒸，米粉能吸收原料加热时溢出的水分，弥补了通常的蒸法会使汤汁增多，原料鲜味趋薄这一缺点，它与脂肪丰富的肉类原料配合蒸制减轻了油腻，既保持了肉质鲜香不腻，又增加了味的融合，使淡而无味的米粉也变为美味，故有“米粉蒸肉，粉比肉香”之说。原料在软烂的同时，形成原料自身鲜味和调料滋味一体化的醇厚风味。所以，粉蒸法是一种科学合理的烹调技法。粉蒸使用的米粉选用籼米焙炒至色泽微黄、发出香味后加些花椒、大料等香料同炒，炒成五香米粉再研成粒的粉状而成。

江苏菜的“叶粉蒸肉”，四川菜的“小笼粉蒸牛肉”，湖北菜的“粉蒸鮰鱼”“粉蒸鳞鱼”“荷叶粉蒸鸡”“粉蒸玉银萝卜丝”享有盛名。

【菜例】 小笼粉蒸牛肉

据传，该菜始于元朝时湖北的沔阳。当时朝廷腐败，官吏不理民事。沔阳堤防连年失修，人们过着“一年两水鱼当粮，螺蛳蚌壳糊肚肠”的苦日子。许多百姓没钱买米，只好取用少许杂粮磨成粉，拌和螺肉、虾、藕块下锅蒸熟食用。后来农民起义军领袖陈友谅，在沔阳起兵后，陈友谅的妻子罗媒娘主管后勤。她便与厨师商量逐步摸出了用米粉拌色、拌螺蛳肉、野菜等，蒸熟给士兵食用。因为菜、鱼、肉蒸得熟，便香味浓郁，士兵吃后，食欲大增，因而在与元兵打仗中连续获胜，因此用米粉蒸菜的方法便传遍沔阳。到了明代，制作方法已作了改进，由生米粉改为用五香粉炒熟的大米粉，蒸菜的香味更浓，用料以畜肉为主。

原料：嫩牛肉 500 克，米粉 75 克，酱油 50 克，豆瓣辣酱 20 克，醪糟汁 100 克，辣椒粉 10 克，花椒粉 25 克，葱花 25 克，姜末 15 克，蒜泥 10 克，香菜段 50 克，植物油 25 克。

制法：

(1)将牛肉洗净，切成长 5 厘米、宽 3 厘米、厚 0.3 厘米的薄片，装入容器内，放入碎豆瓣辣酱、酱油、植物油、醪糟汁、姜末、米粉搅拌均匀。然后，分为十份，分别装入十个小笼内。

(2)蒸锅上火，用旺火把水烧沸，冒大气时，将小笼叠起，加盖，上锅速蒸，火要旺，气要足。细嫩仔牛肉蒸 30 分钟左右，一般牛肉蒸 60 分钟左右。

(3)将蒸好的牛肉小笼取下，并根据个人不同口味加辣椒料、花椒粉、葱花、蒜泥、香菜段等。

特点：软糯滋润，醇香浓鲜。

第四节　其他烹调法

一、盐焗

盐焗是指将加工腌渍入味的原料用透气性较好的材料包裹，埋入灼热的盐粒中，利用盐导热的特性，对原料进行加热成菜的烹调方法。成品具有皮脆骨酥，肉质鲜嫩，干香味厚的特点。

工艺流程：选料→腌渍→包裹→埋入热盐堆中焗制→装盘成菜

盐焗是广东菜系极具特色的烹调方法，盐焗菜肴不但色、香、味俱佳，而且对治疗某些疾病有一定的疗效。代表菜品有东江的盐焗鸡、盐焗河鳗、盐焗明虾、盐焗鳝鱼、盐焗荷叶鸭等。其菜品以盐焗鸡最为著名。

【菜例】　盐焗鸡

相传300多年前广东东江沿海一带盐场的人，把煮熟的鸡用纸包好，放入盐堆中储存，后取出食用，发现鸡肉鲜美。此后当地餐馆厨师改用烧红的热盐代替冷盐，然后把生鸡放入盐内"焗"制，取得了皮脆肉嫩、干香适口的独特风味效果。从此，东江的盐焗鸡便流传四方，成为名菜。

图4—12　盐焗鸡

原料：光体仔母鸡一只，重约750克，料酒10克，姜片10克，葱条10克，八角一个，盐焗鸡粉1小袋，沙姜粉1克，老抽10克，熟猪油50克，砂纸3张，粗盐4千克。

制法：

(1)把光鸡洗净，用盐焗鸡粉，沙姜粉涂匀鸡身内外，把姜片、葱条、八角和料酒搓匀，放入鸡腹腔内,再用老抽涂匀鸡的表皮。

(2)把砂纸铺平，其中两张扫上猪油，把鸡放砂纸上，分别包第一层和第二层，第三层用没有扫猪油的砂纸包裹。

(3)把精盐放入锅中，用猛火炒至灼热时，扒开盐的中心。把包裹好的鸡埋入，把周围的盐扒回锅上，加盖，把锅端离火位焗片刻。当盐的温度降得太低时，重新炒热盐后再焗，直到把鸡焗熟(约需焗30分钟)为止。

(4)取出鸡，剥去砂纸，斩件后上碟，摆成鸡形，跟沙姜味碟上席。

特点：咸鲜可口，肉嫩骨香。

二、泥煨

泥煨是指将加工处理后的原料腌渍入味，用网油、荷叶等包裹，再均匀涂抹一层黏泥，埋入烧红的炭火中进行长时间加热，使之成熟的烹调方法。成品具有皮脆肉嫩、风味独特的特点。

工艺流程：选料→加工整理→腌渍→包裹→涂泥→埋入炭火灰中煨制→装盘成菜

泥煨这种技法，是将原料包裹后又以黏泥包住，放在炭火灰中，以热传导的机理，把炭火的热量传给原料，使之成熟。因包裹严密，原料中的水分、鲜味不会散失，且调味品也渗入原料中，使菜肴极具特色。泥煨法用料有限，只有肥鸡一种原料，属“一法一菜”。其中，“叫花鸡”是一道以泥煨著称的浙江名菜。

【菜例】 叫花鸡

相传清朝年间，在常熟虞山脚下有一个叫花子，一天在山脚下得了一只鸡，苦于无炊具烹制，就把鸡宰杀，用水和黄土调和成泥将鸡包裹起来，埋入烧柴草的火堆中加热，然后外出乞讨，回来以后闻到香味，就从火堆中取出鸡，砸开烘干的糊泥，当即香气四溢，食之滋味甚佳。行人闻香而去，觉得其烹调方法独特，随之传为奇闻。从此，“叫花鸡”问世并流传开来，逐渐成为餐馆供应的菜肴。

原料：光体嫩母鸡一只重1500克，虾仁50克，猪肉丁150克，火腿丁25克，香菇丁25克，鸡肫50克，猪网油250克，京冬菜25克，玻璃纸一大张，鲜荷纸四张，盐200克，酱油25克，料酒75克，味精4克，糖8克，葱丝100克，葱段15克，姜丝8克，大料粉2克，沙姜末3克，熟猪油25克，鲜汤适量。

制法：

(1)将鸡取出内脏和气管，洗净，剁去鸡爪，剔出鸡翅主骨和腿骨，敲断颈骨。加调料腌渍30分钟左右。

(2)锅架火上，放入熟猪油，烧至六七成热时，下入葱丝、配料、调料炒熟备用。

(3)将炒好的馅料填入鸡腹内，用猪网油包住鸡的全身，再用荷叶、玻璃纸把鸡体缠成鸭蛋形。

(4)取封黄酒酒坛的泥敲碎加粗盐及绍酒渣和适量的水调匀，揉团、捣韧，涂满鸡身。

(5)将鸡坯料放入烘箱，烘煨约4小时取出，先敲破外泥壳，去掉荷叶，打开玻璃纸，将鸡和卤汁倒入盘内，可蘸花椒盐或辣酱油食用。

特点：皮色金黄油亮，肉烂骨酥，香气扑鼻，原汁原味，滋味鲜美。

复习思考题

一、选择题

1.大翻锅整齐出菜的烹调方法是(　)。

A.烧　B.扒　C.焖　D.炖

2.成品具有半汤半菜、汤多汁浓的烹调方法是(　)。

A.烧　B.烩　C.焖　D.炖

3.挂蛋清糊的炸法属于(　)技法。

A.干炸　B.酥炸　C.软炸　D.脆皮炸

4.炖的烹调方法，汤水要足，约占容器的(　)。

A.2/3　B.3/4　C.4/5　D.5/6

5.下列菜肴属粤菜名菜的是(　)。

A.红烧猪肘　B.九转大肠　C.桶子油鸡　D.宫保鸡丁

6.制作"毛肚火锅"时，应用(　)作底汤。

A.猪骨汤　B.牛肉(骨)汤　C.鸡汤　D.老鸭汤

7.制作烩菜时，需要勾芡，烩菜的芡汁为(　)。

A.包芡　B.糊芡　C.流芡　D.米汤芡

8.下列原料中，不适合制作氽菜的是(　)。

A.响螺片　B.猪肚仁　C.鸡胸脯肉　D.猪肥肠

二、简答题

1.滑炒和爆这两种烹调方法都是旺火热油快速成菜的烹调方法，它们的主要区别是什么？

2.扒菜具有的特点是什么？扒有哪些分类？

3.焖和烧的区别是怎样的？

4."烩"对原料有哪些要求？刀工处理后有哪些形状？

5."蒸"有哪几种火候？各适用哪些范围？

6.脆熘、滑熘、软熘主要的区别是什么？

三、案例分析

"清蒸鮠鱼"为何达不到质量标准

某顾客到某饭店就餐时点了一份"清蒸鮠鱼"，厨房的师傅从冰箱里拿出一条宰杀冻好的鮠鱼解冻后蒸熟上给了客人，不久，客人就以肉质粗老、渣口退菜了。试问：问题出在哪里？

评析：

1.不符合清蒸烹调法的选料，清蒸类菜肴要选用鲜活原料才能获得清淡鲜醇、原汁原味的效果。

2.冰冻原料清蒸必然加热时间过长，使原料肉质粗老、渣口。

第五章　冷菜烹调方法

【学习目标】

通过本章的学习，熟悉冷菜烹调方法的概念及分类方法；

了解常见常用冷菜烹调方法的工艺过程及具体的操作步骤；

掌握常见常用冷菜烹调方法菜品的特点；

了解冷菜类似烹调方法的异同并能辨别区分；

了解冷菜风味菜例的制作工艺。

【基本内容】

◇冷菜烹调方法的概念、特点。

◇拌、炝、腌等烹调方法的概念、特点、工艺流程及风味菜例。

◇酱、卤、熏、冻等烹调方法的概念、特点、工艺流程及风味菜例。

◇烤法的概念、特点、工艺流程及风味菜例。

◇案例分析：变味的红卤水。

冷菜是在热菜的基础上发展起来的，能起到首菜入席、展示橱窗、销售方便的作用。冷菜与热菜相比，除了原料在处理加工方面大体相同外，烹调方法、切配程序和装盘方法都与热菜有所不同。

冷菜烹调方法是指将加工整理和切配成型的烹调原料，综合运用各种手段，通过加热和调味，制成冷式菜肴的专门技法。

第一节 拌、炝、腌

一、拌

拌是指将加工成细薄小型的洁净生料或晾凉的熟料，加进调料或预先调制的味汁，拌和成菜的烹调方法。拌菜一般具有鲜嫩、凉爽、入味、清淡的特点。

工艺流程：选料→加工处理→切配装盘→调味拌制→装盘成菜

拌法的用料极为广泛，包括多种蔬菜、瓜果、豆制品 、面筋、琼脂制品、禽畜肉和内脏、水产品以及涨发好的干货等。可以说，绝大多数动植物原料都可用拌制成菜，有“百菜皆可拌”的说法 。原料形状大多加工成片、块、丝、条、丁等细小形状。拌制冷菜时要特别注意用料的新鲜度和消毒卫生，尤其拌动物性生料时，更要选用高度新鲜料或活料，消毒一定要彻底。拌法使用的调料十分广泛，经常使用的如盐、糖、酱油、醋、味精、胡椒粉、葱、姜、蒜泥、花椒油、辣椒油、香油、麻酱、腐乳、番茄酱、香菜，以及增香的多种中药材香料等。常用的复合味型有鲜咸味、甜酸味、酸辣味、麻辣味、椒麻味、蒜泥味、姜汁味、葱油味、红油味、麻酱味、怪味等十多种。从拌法的具体操作特点来看可分为生拌、熟拌、生熟拌三种。

【菜例】 凉拌火鸭丝

原料：火鸭丝 200 克，海蜇丝 200 克，绿豆芽 100 克，精盐 6 克，味精 5 克，芥末酱 60 克，红辣椒丝 10 克，芝麻 5 克，麻油 0.1 克。

制法：

(1)先将海蜇丝用滚水焯过，滤掉水分。再将豆芽炒至半熟，吸干水分。

(2)全部原料放在盆里，将味料加芥末拌匀，倒入盆里将各种原料拌匀，放在碟中堆成山形便成。

特点：多料多味，清凉爽口。

【菜例】 香椿拌豆腐

原料：嫩豆腐 250 克，香椿 100 克，盐 3.5 克，味精 10 克，香油 25 克。

制法：

(1)将嫩豆腐用清水洗净放入碗内，切成小丁放入盘中，捣碎成泥。

(2)将香椿去老茎，洗净，投入开水锅中焯烫一下，捞出，放入冷开水中浸凉，挤去水分，切成细末待用。

(3)将切好的香椿放入豆腐丁盘内，下入盐、味精和香油，用筷子搅拌均匀，即可上桌食用。

香椿以每年清明前后采摘下来的嫩芽叶品质最佳，细嫩无渣，香味浓厚。过了这个时期采摘的香椿，茎粗叶老，吃起来不嫩，有渣，香气不浓。

特点：口感细嫩，口味鲜美，有浓郁的清香味。

二、炝

炝法是指将加工成细小形状的原料，经焯水或滑油等方法成熟后(有的用生料)，浇上用辛香味料调制的热油味汁拌匀成菜的冷菜烹调方法。成品具有清利爽口、带芳香性、刺激性口味的特点。

工艺流程：选料→初步加工→初步熟处理→调味→浇热调味油炝制→装盘成菜

“炝”法与“拌”法基本相似，区别在于：在用料方面，“拌”法是生料、熟料并重，或生熟料混合使用，而炝法则是以半成品、熟料为主。拌法的最后工序只用不同调料或调制的味汁浇在主料上即可，而炝法的最后一道工序则分为两个步骤进行：第一步，在主料上浇上调制好的味汁，浸制入味，第二步，还要浇上现制的含有香辛味的热油或味汁炮制成菜，使菜肴溢出浓郁的香气，形成了炝菜的特色。炝法之所以出现这样的效果，主要是使用了香辛油和香辛味汁，这些油和味汁是利用挥发性、刺激性较强的香辛物质如花椒、辣椒、胡椒、葱、姜、蒜、芥末、醋、料酒、白酒、酒糟、豆瓣酱，以及附着性强、香气浓的香油和其他油脂等进行调制的。

炝法按原料、调料、预制方法和具体炝制操作不同分为生炝、熟炝、活炝三种。常见的菜品有虾子炝芹菜、糖醋黄瓜皮、珊瑚白菜、辣白菜、炝活虾等。

【菜例】 海米炝芹菜

原料：净芹菜 250 克，海米 15 克，玉兰片 50 克，盐 3 克，味精 1.5 克，植物油 15 克，花椒油 25 克。

制法：

(1)将择洗干净的芹菜改刀切成 3 厘米的段，玉兰片洗净切成菱形小片。鲜姜刮皮洗净，控干水分切成细丝。海米放入碗内，用清水漂洗。

(2)锅架火上，放入适量清水，用旺火烧开，下芹菜焯水至仅熟即捞入冷水盆中过冷。待芹菜冷却后捞出控水，放入盘中。

(3)海米蒸透，放在芹菜上，撒上盐和味精拌匀。

(4)再将锅架在火上，放入花椒油，烧沸热浇在芹菜上面，静置片刻即可上桌。

特点：清利爽口、带花椒特有的芳香性、刺激性口味。

【菜例】 炝虎尾

炝虎尾是扬州淮阴地区的一道传统名菜。它是取用鳝鱼尾背一段净肉，经开水氽熟加浓汁调味拌制。因其形似“虎尾”，故称“炝虎尾”。鳝鱼通称黄鳝，我国古代一直将它列为鱼中上品。它含有丰富的营养。具有补五脏、疗虚损的功效。历代名医用黄鳝治病和补身较为广泛。在夏季食用功效尤甚，曾有“小暑黄鳝赛人参”之说。用黄鳝制作菜肴，据说早在汉朝就有，到唐、宋、明、清时期已经比较盛行。江苏淮扬地区制作鳝鱼菜肴历史较早，富有经验。在扬州和上海许多经营扬州风味菜馆中供应这道传统名菜时，中外顾客一经品尝，均赞不绝口。

原料：活鳝鱼 1200 克，盐 3 克，粗盐 50 克，酱油 15 克，醋 50 克，味精 3 克，蒜泥 30 克，胡椒粉 2 克，葱段 25 克，姜块 10 克，熟猪油 100 克，鲜汤适量。

制法：

(1)大锅架在火上，放入多量清水，下粗盐、醋、葱段、姜块等，用旺火烧开，将活鳝鱼投入锅内，盖严，烫至鳝鱼肉质刚熟，捞入冷水盆中浸泡。当鳝体变为温热时，即用竹刀片拆骨，只取长 15 厘米的鳝尾待用(鳝肚、鳝背的上段留作他用)。

(2)将酱油、盐、味精和适量鲜汤搅匀，调成金黄色的味汁。

(3)锅架火上，放入适量清水，用旺火烧开，将“虎尾”氽约一两分钟，捞出控干水分，放入大盘内，浇上调制好的味汁。

(4)再将锅架在火上，放入熟猪油加热，油温升至七成热时放入蒜泥，炒出香味，起锅，倒入盘内的“虎尾”面上，撒上胡椒粉即成。

特点：肉质细腻滑嫩，清香爽滑，口味咸鲜适口。

三、腌

腌是将经过加工处理过的原料，用盐或酒、糖等和各种调料制成的调味液腌制成菜的冷菜烹调方法。

工艺流程：选料→加工整理→预制处理→入调味料中腌制→刀工成型→装盘

“腌”是多种腌法的总称，从技术内容上看，主要是盐腌、糟腌、酒腌（醉）三种。以盐为主、其他调料为辅的腌制方法叫作盐腌法，按具体操作也可分干腌法和湿腌法，菜肴质感脆嫩，鲜香爽口，它的代表性菜肴有酸辣白菜、泡菜等。另一类是盐和其他调料并重的腌制方法，因加料的不同，叫法较多，如加糟同腌的叫“糟腌”，加酒同腌的叫“酒腌”等。

腌法的主要特点：采用盐腌法的，一般以蔬菜素料为主，腌制后的成品质感风味是脆嫩清香，醇厚浓郁，滋味以咸鲜为主，但可适当添加其他调料，调制成为酸甜味、酸辣味、香辣味等多种味型，采用糟腌法的，以畜禽荤料为主，腌制后糟香浓厚，肉质酥软，滋味多样，富有特色。采用醉腌法的，以海河鲜原料为主，腌制后香气浓郁、脆嫩鲜美。

【菜例】 酸辣白菜

原料：大白菜 1000 克，盐 30 克，糖 450 克，酱油 25 克，醋 100 克，姜丝 25 克，花椒 10 克，干红椒 10 个，植物油 100 克。

制法：

（1）取大白菜细嫩的菜心，洗净，切成长 4 厘米、宽 1 厘米的条，加盐腌 5～6 小时，见菜渗出水分，取出，用清水漂洗干净，挤干水分，放入盘内。将红辣椒去籽、洗净，切成细丝。

（2）取碗一只，放入糖、醋和酱油，搅匀搅化，调成酸甜味汁后倒入白菜盘中，同时撒上一半的辣椒丝和全部姜丝。

（3）锅架火上，放油，烧至六七成热时下入花椒和另一半辣椒丝，见花椒、辣椒丝均已炸酥、油呈红色时，捞出花椒、辣椒丝不要，将热辣椒油浇在大白菜上面，腌渍 20～30 分钟，使油和味汁渗透原料入味即成。

特点：脆嫩清香，醇厚浓郁，酸辣可口。

【菜例】 红糟鸡

红糟鸡是福州的传统名菜，在各种以鸡烹制的菜肴中，它可称为上品，口味与众不同，别具一格。善于运用红糟作配料烹制菜肴，是福州菜的一大特色，红糟具有防腐去腥、增加香味、生味、调色的作用。红糟鸡糟香扑鼻，为广大群众所喜爱，“糟香思故乡”，就是海外侨胞在异地对家乡菜的赞叹。

原料：净仔母鸡一只重 1000 克，白萝卜 400 克，盐 40 克，味精 3 克，白酒 50 克，红糟 10 克，糖 40 克，醋 50 克，鲜辣椒丝 10 克，五香粉适量。

制法：

（1）将鸡除去内脏，洗净，然后投入开水锅中浸煮 15 分钟左右，捞出。待冷却后，剁下鸡头、翅膀和腿，再把鸡身剁成四块，鸡头劈成两半，翅膀和腿剁为两段。

（2）将加工处理好的鸡块放入瓦钵中，先用盐 15 克、白酒 50 克和味精少许调和均匀成汁，倒入鸡块中拌匀，密封腌渍 2 小时后，开盖，再放入红糟、盐 10 克、余下的味精、五香粉和适量的冷开水，继续拌匀，再密封浸腌一个多小时，即可入味。

（3）将糟腌好的鸡块取出，轻轻抹去面上的一层红糟，改刀切成宽 1.5 厘米的条状小块，码入盘内即成。

特点：糟香浓厚，肉质酥软，富有特色。

第二节　酱、卤、熏、冻

一、酱

酱是指将加工处理的生料放入预先调制好的酱汤锅内，先用旺火烧沸，再改用中小火长时间加热至主料成熟入味而成菜的烹调方法。成品具有色泽酱红，香气浓郁，质感酥烂，鲜咸味厚的特点。

工艺流程：选料→加工处理→入锅酱制→冷却切配→装盘→成菜

一是酱法与红卤技法相似，但流行地区不同，南方地区重卤，甚至不提酱法，而北方地区重酱，也不提或少提卤法，还有不少地区酱卤不分，混为一谈。两者的区别在于：酱法只用生料，且仅限于畜禽类肉及内脏，范围较窄，而卤法既可用生料，也可用熟料，几乎大部分动植物原料都能使用。二是调制酱汤所用调料、香料比卤法要少一些，特别是在香料方面，酱汤常用的只有花椒、大料、桂皮三种，即使五香酱汤也只加少许甘草、丁香、豆蔻等几种。三是酱汤的汤型、味型较为单一，如汤型只有一种红汤，味型只有鲜咸味和五香味两种，而卤既有红卤，也有白卤，味型和香气多样。酱的代表菜肴有五香酱牛肉、酱肘子、五香酱口条等。

【菜例】　五香酱牛肉

原料：牛腱 2500 克，盐 150 克，酱油 150 克，糖 75 克，料酒 30 克，葱段 25 克，姜块 15 克，香料适量。

制法：

(1)将牛肉洗净，切成大块，放入盆内，用盐腌制一天左右，腌后用清水浸泡去味。然后，放入沸水锅，煮五六分钟，捞出控水。

(2)锅架火上，放入牛肉块，然后放葱段、姜块、料酒、糖、酱油、香料袋和适量清水，用旺火烧开，撇去浮沫，待汤汁烧至酱红色时，改用小火微沸继续酱制。煮 2 小时左右，即可用旺火收汁，待牛肉色红，香味溢出，卤汁变浓，裹沾原料时即可捞入盘内，余汁也浇在牛肉上面，冷却以后改刀切片，装盘上桌即成。

特点：色泽红润，香气浓郁，质感酥烂，鲜咸味厚。

二、卤

卤是指将加工好的原料或预制的半成品、熟料放入预先调制的卤汁锅中加热，使卤汁的香鲜味渗入原料内部成菜的烹调方法。成品具有味厚醇香，口感鲜美的特点。

工艺流程：选料→腌渍→熟处理→卤制入味→切配→装盘→成菜

卤法是冷菜技法中颇有影响、富有特色的传统技法。早在明清时期，卤法使用就已非常普遍。古籍《调鼎集》中就有卤鸡、卤蛋的配方及做法的详细记载。尤其是在南方，卤法在凉菜厨房占据重要地位。

卤法选料广泛，既可用猪、牛、羊、鸡、鸭、鹅及其内脏和蛋类、水产品等动物性原料，又可用各种蔬菜、菌类、豆制品等植物性原料。卤制菜肴的关键在于卤汁，卤汁的调制十分讲究，除了用盐、酱油、糖、料酒、味精、葱、姜、蒜等基本调料，还要选用多种增香的调味料，如花椒、胡椒、大料、桂皮、甘草、沙姜、陈皮、草果、丁香、香叶、白花、砂仁、豆蔻、小茴香、红曲等，一般来说有十多种，多的可达二三十种。卤法大体上分为白卤、红卤两类，两者的主要区别在于调制卤水时是否加入酱油、糖色等有色的调料，但无论何种卤汁，都必须加入多种香料。白卤色泽玉白，清鲜醇香，红卤色泽红亮，香味浓厚。特别是多次卤制过禽畜原料的“老卤”，内含多种氨基酸鲜味物质，用它卤制的菜，风味更佳。广东潮州的卤制品在全国享有盛誉。

【菜例】 卤水扎蹄

原料：猪后脚一只重750克，猪瘦肉500克，盐5克，香油5克，“精卤水”适量，冰肉500克。

制法：

(1)将猪脚去趾甲，洗净，用刀从脚的上膝处划开，取净脚内的全部骨、肉，剔出趾骨，只用其皮，用盐腌30分钟，取出洗净，擦干。将冰肉和洗净的猪瘦肉各切成八块，每块长18厘米、宽5厘米、厚0.3厘米，重约50克，切好后，将瘦肉用调味料腌渍一下。

(2)将加工好的猪脚皮在案板上摊平，上放冰肉和瘦肉各一块，层层相加叠放，共叠16层。然后将猪脚皮两边相对卷起，用水草扎牢，每隔3厘米扎一道，全部扎满，最后用两块竹板夹上，再用绳把两端及中间扎牢。

(3)将精卤水烧开，放入扎蹄，改用小火卤煮至皮肉酥烂，捞出，晾凉后再放入已冷却的卤水盆中浸泡，防止干硬，并继续吸收卤汁滋味。

(4)食用时，从卤汁盆中取出扎蹄，拆草，改刀，先竖切成为两半，再横切成厚约1厘米的片，码入盘内，浇入用适量卤汁和香油调成的味汁即成。

特点：咸甜适口，造型美观。

三、熏

熏是指将加工整理后的原料放置于密封的容器内，利用熏料不完全燃烧产生的烟香熏制成菜的烹调方法。菜肴具有色泽老红或深黄，带有烟香气，咸香而独具风味的特点。

熏的技法具有悠久的历史，具体做法是：锅底放入熏料，锅上摆上铁丝网架或铁箅子，上面放上被熏的原料，盖上锅盖。架到火上加热，形成不完全燃烧的冒浓烟状态，利用这股浓烟和热气熏制原料，使被熏的原料吸收热量，附着烟香，从而取得原料增香、增色的熏制效果。其中，增香是熏法的主要目的。一般常用的熏料有锯末、松柏枝、香樟树叶、茶叶、竹叶、甘蔗渣、大米、锅巴、蔗糖等。

熏法的用料比较广泛，但以动物性原料为多。常用的是鸡、鸭、鸽、蛋品。其次是鱼类、猪、牛、羊肉等，植物性原料用得较少，一般只用豆制品原料。熏法分为生熏法、熟熏法两种。名菜有四川菜中的樟茶鸭子、生熏白鱼，广东菜中的太爷鸡等。

应该说明的是，熏类制品虽然独特风味受到人们的欢迎，但因熏料在高温时散发的烟状物中含有硫化物、苯并芘等有害物质，有损于人体的免疫力，应当引起注意。

【菜例】 樟茶鸭子

樟茶鸭子是四川筵席上特有的一道名菜。它皮酥肉嫩、色泽呈红，味道鲜美，具有浓厚的特殊香味。此菜是选用成都南路鸭，经用樟木屑及树叶熏烤而成，故称为“樟茶鸭子”。这种鸭子经过加调味腌、熏、蒸、炸等操作过程后，皮酥肉嫩，有特殊樟茶香味。许多中外顾客品尝后，称赞不已，说它可与北京烤鸭相媲美。称它是集色、香、味、形四绝于一体的四川名菜，现在到四川旅游的人们，都要慕名品尝樟茶鸭子。

原料：光鸭一只重 2000 克，盐 10 克，料酒 25 克，花椒 5 克，胡椒粉 1 克，香油 15 克，熏料（樟树叶等）适量，醪糟汁 50 克，植物油 4000 克（实耗 100 克）。

制法：

（1）将鸭从尾部取出内脏，割去肛门，洗净，晾干后放入容器内，用盐、料酒、花椒、胡椒粉、醪糟汁拌和的味料擦抹鸭的全身，抹匀后，腌制 8～12 小时，入味后取出，再投入沸水锅烫一下，捞出，控干水分。

（2）锅内放樟树叶 50 克、花茶 50 克、松柏枝 500 克、稻壳 500 克等熏料。锅上架铁箅子，将控干水分的鸭子放在上面，加盖，架在火上，引燃熏料，冒起浓烟，熏 3～5 分钟，鸭体呈黄色时取出。

（3）将熏好的鸭子放入大碗内，入屉上笼，用中小火蒸制 2～3 个小时，蒸至鸭肉酥软，取出待用。

（4）油锅架在火上，放油，用旺火烧至七八成热，将鸭子投入炸至鸭皮松脆并呈红褐色时，捞出，控油后刷上香油，冷却后改刀切成条块，码入盘内摆成鸭形，上桌与荷叶饼同食。有的还另配甜面酱、葱白段小碟佐食。

特点：色泽深红，外酥里嫩，带有樟木和茶叶的特殊香味。

四、冻

冻是指将富含胶质的原料加热溶解，再冷却凝固成菜的烹调方法。冻的菜肴具有清凉爽口、滑韧软嫩的特点。

工艺流程：选料→加工处理→加热溶化→冷却凝固→改刀装盘→成菜

冻法是利用富含胶质的原料加热溶解、冷却结冻的特性制菜，因菜肴成熟后必须经过冷却结冻的工序，就把它叫作“冻”法。由于冻菜冷却凝成的胶冻清澄透亮犹如水晶，为美化菜名，常常冠以“水晶”两字。冻菜大体分为咸、甜两类。

用于制作冻菜的原料可分为动物凝胶、植物凝胶两类。动物类胶质是由胶原蛋白和弹性蛋白组成，主要存在于动物原料的表皮、骨头及结缔组织中，植物类胶质以海产石花菜含量丰富，是制作琼脂的主要原料。其中，动物凝胶适宜制作成鲜咸口味的冷菜，如和鱼、鸡等原料相配，制成鱼冻、鸡冻等。但有些动物性原料，既含多量胶质又含营养素和鲜味物质，如猪肘子等，这类原料可直接制成美味的冻菜。植物凝胶适宜制作甜菜，如和瓜果类原料配合，如果冻、杏仁豆腐等，口感清爽甘甜。冻菜晶莹美观，口味丰美，素来受到欢迎，名菜有江苏菜的镇江肴肉，广东菜中的水晶耳冻、水晶蟹肉、五彩酿小肚等。

【菜例】 五彩酿小肚

原料：猪膀胱2个，咸鸭蛋黄2个，皮蛋2个，瘦猪肉400克，猪皮150克，熟瘦火腿25克，香菜40克，精盐5克，味精3克，麻油10克，汾酒25克，罗拔臣鱼胶粉50克，白卤水2000克。

制法：

(1)把猪膀胱用精盐和醋搓洗干净。蛋黄、皮蛋均切成1.5厘米的方粒，猪肉切成边长为6厘米 的小方粒，火腿切成细粒，香菜切成1厘米长的段。把猪皮刮洗干净，放入滚水中煮至八成软，取出切成如黄豆大小的粒，鱼胶粉用冷水100克和匀。

(2)在猪肉中加入精盐、味精后放入盆中，搅拌至起胶，加入咸蛋黄、皮蛋、猪皮粒等拌匀。再加入香菜、芝麻油、鱼胶粉等搅拌成馅料，把馅料填入膀胱内，用线缝口，然后放入锅内，用中火煮约30分钟，捞起用铁针将酿小肚两面各戳几个小孔，再放锅内用微火煮约1小时至黏后捞起。

(3)锅内放白卤水，用旺火烧滚放入酿小肚，再改用微火滚15分钟，连白卤水倒入洁净的盆内，加入汾酒，浸泡10分钟，捞起，用盒压扁，冷却后，用盒密封放入冰箱制冷室冷藏2小时。

(4)将猪肚取出，切成厚约3毫米的片，然后放在碟上拼叠成圆形图案便可上席。

特点：美观绚丽，咸鲜滑爽。

【菜例】 水晶耳冻

原料：猪耳2个，姜块10克，长葱10克，精盐4克，味精4克，料酒15克，蒜泥25克，葱粒5克，红油50克，生抽10克，香油2克，白糖3克，鱼胶粉50克。

制法：

(1)猪耳朵刮洗干净，切掉肥肉较多的部分，入沸水锅中焯熟。

(2)猪耳朵切成长6厘米、厚0.3厘米的粗丝，放入不锈钢汤锅中，加入清水1500克、姜块、长葱、料酒以小火煮黏，弃掉姜块、长葱。鱼胶粉装入碗中，加清水100克化解后倒入猪耳中，放盐3克，味精2克搅匀，随即装入抹油的长方形盘中，入冷藏室冷藏至汤汁凝固，即可取出。

(3)用红油50克，生抽10克，香油2克，白糖3克，蒜泥25克和匀，调成味汁。

(4)将冻好的耳冻改刀切成长5厘米、宽3厘米、厚3厘米的片，拌上味汁即可装盘，上席时撒上葱花或芫荽段即成。

特点：咸鲜滑爽，清凉适口。

第三节 烧烤

烤是指将加工处理好或腌渍入味的原料，利用明火、暗火等产生的热辐射进行加热使原料成熟的烹调方法。

烤，是最古老的烹饪方法，自从人类发明了火，知道吃熟的食物时，最先使用的方法就是野火烤食。演变到现在，烤法在烤具、操作方法、使用调料和调味的方法方面都发生了重大变化。

烤法的名称南北有很大差异，北方地区流行叫“烤”，南方地区通常叫“烧”，即所谓“南烧北烤”。根据设备的差异，烤可分为明炉烤和暗炉烤两种。

(一)明炉烤

明炉烤是指将加工处理好的原料用烤叉叉好，利用燃烧明火产生的辐射热把原料加热成菜的烤法。

工艺流程：选料→加工整理→抹糖浆→入炉烤制→切割装盘

明炉烤的优点是设备简单，方便易行，常见的方法有串烤、网夹烤、烤盘烤、炙烤、铁锅烤等多种，成品色泽枣红，外皮松脆，肉质鲜嫩，香气浓郁。代表性的菜肴有广东菜系的明炉烤乳猪，西北地区的烤羊肉串等。

【菜例】 明炉烤乳猪

烤乳猪是广州著名的特色菜。它早在西周时期已被列为“八珍”之一，那时称为“炮豚”，即烤乳猪。后来在《齐民要术》中也记有烤乳猪的制作方法，并说它“色同琥珀，又类真金，入口则消，壮若凌雪，含浆膏润，特异凡常也”。清康熙时期，曾被选作宫廷名菜，成为“满汉全席”中的一道主要菜肴。从 20 世纪 30 年代到新中国成立以后，此菜极为兴盛，成为中外最著名的广东名菜，其声誉之大，胜过清宫及山东等地。现在“烤乳猪”已成为广州和港澳地区许多著名菜馆的首席名菜，深受中外顾客欢迎。

原料：净乳猪 1 只（约 5000 克重），五香盐 50 克，烤乳猪糖水 150 克，猪酱 150 克，荷叶饼 125 克，黄瓜条 150 克，葱球 150 克，花生油 25 克。

制法：

(1)将乳猪从嘴巴开始经颈部至脊背骨尾部，沿脑骨中线劈开，挖出内脏、猪脑，洗净沥干，再取出第三条肋骨，划开扇骨关节，取出扇骨，并将扇骨部位的厚肉和臀肉轻轻划上几刀。

(2)将五香盐均匀地涂在猪腔内，用铁钩挂起，腌约 30 分钟，晾干水分，然后将猪酱拌匀，涂在猪腔内，腌 20 分钟后，用特制的烧叉从臀部插入，跨穿到扇骨关节，最后穿至腮部。上叉后将猪头向上斜放，用清水冲洗皮上的油污，再沸水淋遍猪皮，最后涂上糖水。

(3)将乳猪放入烤炉小火烤约 15 分钟，至五成熟时取出，在腔内用四厘米宽的木条从臀部直撑到颈部，在前后腿部位分别用木条摆横撑开呈工字形，使猪身向四边伸展。将烤屈的前、后蹄用铁丝捆扎。接着把头、臂部继续烤10分钟左右，至色红时，用花生油均匀地涂遍猪皮，烤约30分钟，至猪皮呈大红色便成。烤制时烧叉转动要快，有节奏，火候要均匀，如发现猪皮起细泡要用小铁针插入排气，但不可插到肉里。

(4)将烤好的乳猪连烧叉一道斜放在砧板旁，去掉前后蹄的捆扎物，在耳朵下边脊背部和尾部脊背处各横切一刀，然后在横切口两端从上到下各直切一刀，使成长方形。再沿脊中线直切一刀，分成两边。在每边中线又各直切一刀，成四条猪皮。用刀将皮片去，将每条皮切成八块，共计三十二块，将乳猪放在盆中，把猪皮覆盖在猪身上，同荷叶饼、黄瓜条、葱球、甜面酱和白糖分盛两碟，一起上桌食用。食完猪皮后，将猪取回再分别改刀装盆上桌。

特点：色泽大红，油光明亮，皮脆酥香，肉嫩鲜美，风味独特。

(二)暗炉烤

将加工处理好的原料，置于烤炉内，用炉壁产生的辐射热将原料烤制成菜的技法称为暗炉烤。

工艺流程：选料→加工→腌渍、抹糖浆等→入炉用高温烤制→装盘成菜

暗炉烤通过炉内壁和底火的辐射热，把原料焖烤成熟。在烤的过程中，能使原料四面受热，色泽和成熟度都较均匀。暗炉烤制品的质感风味独特，如果是烤制抹糖浆的禽类如鸭、鹅等，能烤得外焦里嫩，香气浓郁。如果是烤制腌渍的大块、粗条的畜类肉品，能烤得焦香味厚，肉质不硬不软，耐嚼有咬劲，而且越嚼越香。代表性的菜肴有北京烤鸭，广东菜系的蜜汁叉烧、粤式烧鹅，西北地区的烤全羊等，都以色泽红润，形态美观，外焦里嫩，香味醇浓而久负盛名。

【菜例】 北京烤鸭

北京烤鸭，始于明朝。朱元璋建都南京后，明宫御厨便取用南京肥厚多肉的湖鸭制作菜肴，采用炭火烘烤，使鸭子口感酥香，肥而不腻，受到人们称赞，即被皇宫取名为“烤鸭”。15世纪初，明朝迁都北京，烤鸭技术也带到北京，并得到进一步发展。北京厨师取用玉泉山所产的填鸭烤制，此鸭皮薄肉嫩，质量好，因而深受当地人欢迎。在明朝嘉靖年间，北京就出现了专业烤鸭店，它的字号叫“金陵老便宜坊”。到清朝时，烤鸭又成为乾隆、慈禧太后及皇府大臣所喜爱的宫廷菜。同治三年又出现了“全聚德烤鸭店”，从此“北京烤填鸭”就驰名中外。据史书记载，北京就有“京师美馔，莫妙于鸭，而炙者尤佳”之称。“北京烤鸭”之美名一直沿续至今，并且传播到许多国家。现在此菜已成为世界闻名的菜肴，被世界各国外宾誉为“天下第一美味”。

原料：宰好的填鸭一只重3000克，荷叶饼适量，洗净切好的黄瓜条适量，饴糖水，净葱白段100克，甜面酱两小碟。

制法：

(1)将鸭洗净，切去双掌和翅尖，割断食管和气管，从嘴里掏出鸭舌，拉出食管，然后用打气工具从喉部刀口处推进颈腔，徐徐地把气打入鸭体，使鸭体鼓起。

(2)用刀尖从左腋开一长约5厘米的口，然后用中指和食指伸入，将内脏全部掏出，用高粱秆一节，顶在三叉骨上，推紧鸭皮。

(3)用清水将鸭腹洗净，然后用铁钩钩住鸭肩。

(4)将挂好钩的鸭，用开水淋浇全身，然后用饴糖水刷遍鸭的全身，将鸭吊挂风口处晾干。

(5)将晾干的鸭子挂入烤炉，鸭腹向壁，鸭背对火，一直烤至全部上色、全部成熟为止。

(6)烤鸭成熟上桌，配葱白段、甜面酱、荷叶饼及黄瓜条等，并由片鸭厨师当场片出鸭片供食。每只鸭子大致片出 90 片。片好装盘上桌，一般的吃法是将鸭肉放在荷叶饼中，用葱白段和甜面酱，卷起来吃。

特点：外皮酥脆，色泽鲜艳。

【菜例】　新疆羊肉串

提起新疆美食，大家第一个想到的，可能就是羊肉串了。烤羊肉串是新疆最具民族特色的小吃之一。其色泽酱黄油亮，肉质鲜嫩软脆，味道咸辣醇香，独具特别风味。据古书记载，新疆烤羊肉串起源于 1800 多年前的汉代。当时，新疆的牧民比较多，所以大部分生活时间都是在迁徙的过程中。为了减少各种容器的携带来减轻负担，人们就选择直接把肉穿到竹签上，放到火上烤熟，简单撒上一些调味料，就可以吃了。这样做出来的肉不仅操作方便，而且还很好吃。就这样，羊肉串就被慢慢流传了下来。

原料：羊后腿肉 500 克，羊尾油 50 克

腌料：大葱 20 克，孜然粉 3 克，辣椒面 3 克，花椒粒 2 克，精盐 2 克，细黑胡椒粉 1.5 克，十三香 1 克，鸡蛋 1 个，淀粉 10 克，葱油 10 克(洋葱、大葱、芹菜、胡萝卜、花生油炼成)，山泉水 50 克。

制法：

(1)原料初加工。将羊后腿肉去掉不容易成熟的筋膜，改刀切成 2 厘米×1.5 厘米×1.3 厘米的菱形块；羊尾油切成 1.6 厘米大小的斜形小块；大葱切丝备用。

(2)腌制入味。将花椒放入山泉水中，放入冰箱浸泡 5 小时，去掉花椒粒，加入大葱，用手反复揉搓至搓出葱味，再放入羊肉、孜然粉 2 克、精盐 2 克、黑胡椒粉 1.5 克、十三香 1 克拌匀，接着放入鸡蛋 1 个，淀粉 10 克拌匀，最后放入特制葱油腌制 30 分钟。

(3)穿制。将腌制好的羊肉穿到铁钎子上，每根铁钎子穿 5 块肉，按照 3 块瘦肉、2 块羊尾油来穿制，肥瘦肉要间隔开。

(4)烤制。将穿好的羊肉串用炭烤炉烤制 6 分钟左右，撒上辣椒面、孜然粉即可。

特点：色泽自然、成型美观、外焦里嫩、咸味适宜。

复习思考题

一、选择题

1.从拌法的具体操作特点来看可分为生拌、熟拌、生熟拌三种，凉拌火鸭丝属于(　)。

A.生拌　　B.熟拌　　C.生熟拌

2.制作七彩酿猪肚时，最好选用(　)作凝胶。

A.明胶　　B.琼脂　　C.果胶粉

3. 北京烤鸭采用(　)进行烤制。

A.明炉烤　　B.暗炉烤　　C.串烤　　D.明炉烤、暗炉烤相结合

4.制作“蜜汁叉烧”的“蜜汁”，由(　)调和而成。

A .麦芽糖、清水　B.白糖、清水　C.冰糖、清水　D、片糖、清水

5.制作“明炉烤乳猪”时，乳猪的表皮要用食粉溶液处理，其作用是(　)。

A .使成品的皮更脆　　B.使成品的颜色更红

C.洗掉表皮的油脂，使着色均匀　D.使成品的表皮产生独特的香味

6.用于制作烤鸭的皮水由(　)按一定的比例调制而成。

A .麦芽糖、清水　　B.麦芽糖、醋　　C.蜂蜜、清水　　D.白糖、醋

7. 红卤水适合制作哪些菜肴(　)

A .脆皮尾节　　B.炸乳鸽　　C.卤牛腱　　D.脆皮鸡

二、简答题

1.拌和炝有哪些主要区别?

2.酱法和卤法的主要区别是什么?

3.冻法成菜的原理是什么? 成品有何特点?

4.制作北京烤鸭对选料有何要求? 为什么?

三、案例分析

变味的红卤水

某学生在制作卤水油鸡和卤牛肉的时候，分别将这两种原料经过初步加工后一起放入红卤水锅中加热卤制，制成以后，该学生发现卤水油鸡的味道不纯正，试分析为什么? 该学生在操作结束后，将红卤水锅放在灶台上，加盖、熄火进行保管，但两天后却发现红卤水锅已经变质了，试分析该学生在卤水的使用与保管方面存在哪些失误?

评析：

1.使用上错误：两种不同滋味的原料不能同时下锅卤制，否则容易串味，造成味道不纯正。

2.卤水的保管不当：红卤水应每天煮沸保管，长时间不用应采取冷藏措施。

第六章 菜肴盛装知识

【学习目标】

熟悉热菜和冷菜的装盘方法及要求；

了解盛装器皿的种类和用途；

掌握盛装器皿与菜肴配合的原则。

【内容提要】

◇菜肴装盘的基本要求与方法。

◇装盘的基本要求。

◇装盘的方法。

◇热菜装盘的基本方法：整只或大块菜肴的盛装、汤菜的盛装方法、火锅菜的盛装方法、冷菜装盘的基本方法。

◇盛菜器皿的种类和用途：盘类、碗类、锅类、铁板类、其他类。

◇盛器与菜肴配合的原则。

◇案例分析："脆皮鸡"的整形。

第一节　菜肴装盘的基本要求与方法

装盘就是将已烹制好的菜肴装到盛器中，这是烹调技术全部操作过程的最后一道工序，是一项技术性较强的重要步骤，是烹调操作的基本功之一，也是烹调技术的最后体现。合理的盛装是美食与美器的巧妙结合，是艺术美和自然美的和谐统一，能够使菜肴的感官质量达到最佳的境界。装盘后的菜肴直接上桌面对顾客，装盘得当，会起到锦上添花的作用，反之，则影响菜肴乃至整个宴席的质量。因此，菜肴的盛装应视为菜肴制作的一个不可分割的组成部分。

一、装盘的基本要求

不论是热菜还是冷菜，普通菜还是工艺菜，装盘时都必须符合下列几项基本要求。

（一）注意清洁卫生

菜肴虽然经过烹调加热已经起到杀菌消毒的作用，但是，装盘时如果不注意清洁卫生，菜肴就有可能被油污或其他有害物质污染，导致卫生标准降低，从而影响菜肴的质量标准。装盘时应注意以下几个问题：

⑴用于菜肴盛装的盛器必须经过杀菌消毒，要求无积水，干净洁亮。

⑵不能用手指或不卫生的工用具直接接触菜肴，冷菜装盘时，最好戴上消毒过的专用手套。

⑶装盘时，锅底不能碰到盘子上或接触到菜肴。

⑷不能用未经消毒的抹布擦拭已经消毒过的盛器。

⑸端盛器的手要干净，不能接触盛器内部。

（二）菜肴盛装要丰满均匀、整齐美观、主料突出

菜肴盛装要主次分明、突出主料。主料应装在显著的位置，不可被配料掩盖，配料在盘中应起到对主料的衬托作用。此外，菜肴应该装得饱满丰润、整齐均匀。菜肴在盛器中盛装匀称、外形饱满，是其形美的基本保证，装盘时不可四面散开，不能将盘边盖住。

（三）菜肴分装均匀、一次性完成

分装：一锅多份，尤其是有主配料的菜肴时，每份菜的数量要均匀，形态要一致，盘里的主辅料也不能多少不均，并且要一次性完成，否则会因重复操作而影响菜肴的成形美观，也会影响上菜的速度。

（四）装盘要熟练，动作要协调、干净利索、准确快速

装盘的熟练程度影响上菜速度，尤其是热菜，保证趁热品食才能体现出菜肴的特点，质量才有保证。

（五）装饰与点缀要合理

合理的装饰与点缀可起到衬托菜肴的作用，使菜肴显得生动、美观。但是，装饰与点缀切忌喧宾夺主，也要防止造成生熟不分。

（六）盛器与菜肴要合理搭配

盛装菜肴的器皿在品种、规格、形状、色彩等方面呈现出丰富多彩的变化，这就要求在盛装时选用恰当的盛器，与菜肴的品种、数量、形态、色泽等相对应，协调配合，使美食和美器巧妙结合，才能获得艺术美和自然美的和谐统一。

二、装盘的方法

菜肴的盛装要根据菜肴的特点，结合装盘的具体要求和原则，采取不同的装盘方法，以使菜肴达到原设计的要求。具体有以下几种装盘方法。

（一）热菜装盘的基本方法

1.堆摆法

堆摆法就是将烹制好的菜肴堆摆在盛器中。堆摆法适用于炸、煎、盐焗等一些无汁菜肴的装盘，以塔形和桥形为主。

2.倒入法

倒入法是装盘的最基本方法，就是将烹制好的菜肴倒入盛器中的一种装盛方法，适合于炒、烧、焖、爆等原料形状较小、芡汁不多的菜肴，装盘时，要先翻铺将菜肴集中在一起。然后将炒锅端至盛器的右上方，倾斜倒出菜肴，边倒边将炒锅向左移动，同时用手勺挡住菜肴的前端。防止倒偏，使菜肴盛装均匀。

3.拖入法

拖入法就是在菜肴烹制好以后，将锅略掀一下顺势将手勺垫到菜肴的局部下面，再把锅向右倾斜。将菜肴以半倒半拖的方法移入盛器内的一种菜肴盛装方法，拖入法适用于扒、熘、煎等烹调方法，一般以整只、整形的对菜肴造型要求严格的菜肴制品为主。

4.盛入法

盛入法就是将烹制好的菜肴盛入器皿中的一种菜肴盛装方法，盛入法操作简单，是一种常用的装盘法。适用于烧、焖、炖等烹调技法的菜肴盛装。多用于不易散碎的小型原料菜肴的盛装。

5.覆盖法

覆盖法就是在菜肴烹制好后，将锅颠翻几下，用手勺趁势将一部分菜肴接入手勺中装入盘中，再将锅中余菜全部盛入手勺内，覆盖在菜肴上面的盛装方法。覆盖法一般适用于炒、熘、爆、烧等烹调方法的菜肴盛装。

6.浇入法

浇入法就是在菜肴烹制好以后，将锅略倾斜，将汤汁和原料直接冲入汤碗或汤盘的一种菜肴盛装法。浇入法适用于氽、烩等烹调技法，这类菜肴一般是以半汤半菜或汤菜为主。

(二)整只或大块菜肴的盛装

这类菜肴一般形状较大，加热时间较长。装盘时要形态饱满，突出原料的自身特点。

1.整鸡、整鸭

应腹部朝上，背部朝下。因为鸡、鸭的胸部肌肉丰满，背部骨骼突出，因此腹部朝上，背部朝下，头应置于旁侧，鸡、鸭的颈部较长，因此头必须弯转过去，紧贴在身旁。

2.蹄膀

蹄膀应当皮朝上，骨朝下。蹄膀的外皮色泽鲜艳、圆润饱满，故应朝上。方肉也应如此。

3.整鱼

单条鱼应装在盘的正中间，腹部有刀缝的一面应朝下，两条鱼应当腹部相对，背部向盘外，并排装在盘中。装盘后如还需要浇汁，应当从头向尾部浇汁，因其头、腹部体积大应多浇些汁，同时要注意汁芡不要四处淋漓。

(三)汤菜的盛装方法

汤菜盛装时汤汁一般应占盛具容积的85%～90%为宜。大型原料，应先将菜肴整齐地扣入碗中，再将汤汁沿碗边缓缓倒入，不可冲散菜肴，因为菜肴扣入碗中时已将原料排列整齐，汤汁如果从菜肴中间冲下去，势必会冲散菜肴，破坏形状。小型易散碎的原料扣入碗中时应用手勺将菜肴盖住，再将汤汁从手勺上倒下。小型的原料，如果汤汁从碗边倒入，会弄乱菜肴，所以应用手勺先将菜肴盖住，再倒入汤汁，这样可保持菜肴的形态。汤菜盛装时汤汁容易溅出碗外，所以应沿碗边缓缓倒下为好。

(四)火锅菜的盛装方法

火锅菜是盛装、熟制兼用的一种特殊菜式。北方较多，特别是冬季最受人们的欢迎。火锅的菜式很多，一般有涮锅、清汤火锅、白肉火锅、菊花火锅、狗肉火锅、毛肚火锅、三鲜火锅、什锦火锅等。

火锅的盛装一般有以下几种形式：

(1)生涮火锅。这类火锅盛装时，先将火锅底汤烧沸上桌，涮料及蘸料放旁边，由客人边下料边蘸调味品吃。如毛肚火锅、涮羊肉火锅等。由于这类火锅是自助的形式，因此，要注意客人食用时蘸料、调味料、油脂的添加。

(2)炖品汤锅。这类火锅盛装时，将制好的汤料与汤水装入火锅烧沸、配以蘸料上桌即可。如什锦火锅、三鲜火锅等。

(3)干锅。这类火锅多以烧、焖的方法制成，不带汤汁。盛装时，先将熟料加热后装入火锅，配以蘸料、油脂、调味料、汤料即可上桌。由于这类火锅不带汤汁，因此，食用时要注意对火力的控制，不时铲动原料。如干锅狗肉、双冬黄焖鸡火锅等。

(五)冷菜装盘的基本方法

冷菜的切配与装碟，是冷菜成型、成菜的最后一道工序，与冷菜的质量有着极为密切的关系。冷菜与热菜一样，除了具有色、香、味俱佳的特点外，在菜品成型上，需有更突出的作用。在冷菜切配与装碟的过程中，除要形态美观、生动，色调鲜明、悦目外，还要十分注意食品的清洁卫生。这就要求我们在冷菜的切配和装碟中，做到卫生、利落、美观、大方。

1.冷菜切配方法

各种冷菜，由于原料的质地不同，成菜的形状不同，颜色和口味不同，成菜的要求标准不同，因此切配的方法也不同。一般地说，冷菜的切配方法大体有堆、排、叠、围、摆五种。

(1)堆。是将冷菜堆放碟中，一般用于单碟(或称单盘、单盆)。采用堆法加工的冷菜，多宜于烹调前就已切好的，形状不规则，但都是偏小的块状、丝状料，如“拌海蜇花”“叉烧肉”“卤鸡肫”等菜肴，常采用堆法。堆法的要求是饱满、清洁、美观，在堆时也要适当做些点缀和加工，如在碟边配色，在菜面上放些点缀品，在菜底加些青蔬，加些卤汁调味、调色等。堆法虽常用“碎刀切”，但刀工也要大小均匀，薄厚一致，给人一种虽然散碎而不失刀法之功的感觉。

(2)排。是将整形(或整只)的冷菜斩切后，按原样平排碟中。排法一般有两种，一种是切排，如“白切鸡”，用青瓜片垫底后，再将一块鸡肉(如鸡脯、鸡腿等)斩切条形，按原样排于碟中。另一种是拼排，如“盐水虾”，卤成的虾剥壳后，每只从脊背处片开，成为两半，再一半一半地在碟中排成圆形，一层覆一层，似馒头状。

(3)叠。是将冷菜一片片整齐地叠起，摆于碟中，一般要叠成梯形、锯齿形等。叠时，需和刀工相结合，边切边叠，叠后起到碟中，如“汾酒牛肉”“素火腿”“如意蛋卷”等菜肴,通常的叠法是:先将原料叠成两排，平行铺在碟中，再用形状较为整齐的切叠一排，压在两排中间。

(4)围。是将冷菜切制后，在碟中围成圆形、花形。采用围的方法，要求刀工整齐，落刀巧妙。有的冷菜围好后，还要在外圈围上配料，称为围边;有的冷菜在碟中围成花朵形状后，还要用一种配料在中间点缀成花心。如“卤香菇”一菜，将整只、大小一致的香菇在碟中围成花状后，再用肉松或火腿茸在中间点缀成“花心”，然后用青菜茎修切成花的梗和叶，摆在香菇的适当处，这样就显得美观、生动了。

(5)摆。是用不同颜色和形状的冷菜，经切配后，在碟中摆成各式图案或各种形象的动物形状，如花鸟、鱼兽等。这种方法需要有熟练的技巧和美术的修养，才能摆得生动逼真。采用摆法加工的冷菜，一是要注意卫生，二是要讲求食用价值。

2.冷菜装碟的种类和形式

冷菜装碟的种类，一般有单碟、拼碟和花拼（又称花色冷碟）三种。三种冷碟的用场也有分别，单碟常是散卖的品种，拼碟常是套餐或一般宴席上的品种，花碟常是高级宴会上的品种。

（1）单碟。是用一种冷菜原料装碟，也是最常见的装碟方法。一般的形式是堆成馒头状或两边低、中间高和桥形。

（2）拼碟。是用两种以上原料装碟。拼碟的种类有双拼、三拼、四拼和十锦冷碟。在拼碟时，原料要切得整齐、均匀，并要注意不同颜色的间离、协调。

（3）花拼。是用各种颜色和口味的冷菜，在碟中拼接成各式图案或花鸟鱼兽的形象。这类冷碟，有先供欣赏、后供食用的特点，在制作技术和艺术性上都要求较高。在加工花拼冷碟之前，首先要考虑周到，构思完美，要求认真细致；更重要的，还要注意冷菜的烹调质量和颜色的鲜艳。

冷菜装碟的形式，一般有散刀法、拼摆法、点缀衬托法和拼图法四种。

（1）散刀法。是一种不拘形式的装碟方法。即是将切成丝、条、片、丁等形状的冷菜，装入碟中的方法。采用散刀法装碟时，要做到形散形不散，即成菜的形态是散的，但原料切后的形是不散乱的，而是整齐一致、长短相同、薄厚均匀。

（2）拼摆法。是将原料切制整齐后，一片片、一条条按照原来的形状拼接在碟内。采用拼接法装碟时，要做到形整刀工细，即成菜的形状是完整的，原料切后的刀工也是细致的，如切制烧鸡、油鸡等菜肴，使切后的整只鸡趴在碟中，各部位都完整无缺，这样，既表现了经营上的诚意，又使冷菜的拼摆具有艺术性。

（3）点缀衬托法。即冷菜切配、装盘后，在菜面或旁边点缀、衬托些色泽鲜丽的配料，如佛手、松叶、花片、樱桃、橘瓣、香菜等。在皮蛋上撒些姜茸，在白切鸡上撒些香菜末，在红的冷菜旁边配上柠檬片，在花形的冷菜中间点缀一枚樱桃，往往都能使冷菜显得生动、美观。

（4）拼图法。是将各种冷菜，利用颜色和形状上的差别经过修饰、切配，在碟中摆成图案或象生的动物，如蝴蝶、仙鹤、雄鹰、凤凰等形状。这类拼法可以起到烘托宴会气氛，对顾客寓以吉祥祝愿的作用。而且又凸显了厨师技艺的精湛。

第二节 盛菜器皿的种类与用途

盛菜器皿不仅起到盛装菜肴的作用，而且能衬托菜肴，并和菜肴一道相互映衬，展现菜肴的艺术性、食用性。精美的器皿能弥补菜肴的不足之处，为了突出菜肴的色彩和形式，必须根据菜肴的色泽和特点选择盛具，要掌握好盛具的形状色泽与主辅料之间的形状。精美的器皿能展现和突出美食的特点。

盛菜器皿的种类比较多，按质料的不同分，有瓷器、陶器、玻璃器皿、搪瓷器皿以及金器、银器、铜器、锡器、不锈钢器皿等。其中以瓷器应用最为普遍。在实际应用中，一般按盛器的形状和用途将它们分为盘、碟、碗、盆、锅、火锅、砂锅等。

一、盘类

盘类是菜肴盛装的主体，主要有以下几种。

(一)圆盘

圆盘，又称平盘，形状呈圆形，直径规格在10～53厘米，其用途比较广泛，是菜肴的主要盛具。

(二)腰盘

腰盘，又称椭圆形盘、长盘、条盘、鱼盘、蛋形碟，腰盘呈椭圆形，直径在18～70厘米。一般用于盛装整条的鱼类、禽类菜肴，也可用于部分热炒菜肴的装盘。

(三)汤盘

汤盘呈圆形，盘底较深，直径一般在17～40厘米，有平边和立边两种，主要用于盛装烩菜及汤汁较多的煨、烧等烹调方法的菜肴。

(四)窝盘

窝盘，也称鲍鱼盘，呈圆形，边稍高，适应于盛装扒菜及其他工艺热菜和整形菜等。

二、碗类

(一)汤碗

汤碗呈圆形，碗底较深，直径规格一般在17～40厘米。主要用于盛装汤菜类以及整只的鸡、鸭等。有的汤碗边沿还有各种变化，有荷叶状、葵叶状等。

(二)扣碗

扣碗呈圆形。碗底较深。直径一般在15～25厘米，扣碗专用于盛装扣肉、扣鸡、扣鸭、酥肉等。此外，还有一种扣钵，圆形、较大，一般用于盛装整鸡、整鸭、全蹄等。

三、锅类

(一)品锅

品锅主要有铜、锡、瓷三种，直径一般在34～47厘米，有盖，容积较大，有的中间分三档隔开呈品字形。可用于盛装全鸡、全鸭、全蹄等。

(二)砂锅

砂锅有煲汤和制作焖菜两种，用于煲汤的砂锅锅体较高，呈椭圆形，带有手柄和一个锅耳，用于制作焖菜的砂锅呈圆形，锅体较矮，也称为煲仔，直径在12～32厘米。砂锅既可作为盛具，也可作为加热器具，特点是散热慢，能起到保温的作用，常用于炖、焖、煨等烹调方法制作的菜肴。

(三)汽锅

汽锅是一种陶制的蒸锅。一般用紫砂制作而成，形似砂锅，但比砂锅略高，带有盖，直径在10～28厘米。汽锅的锅中心有一塔形的空心汽管，从锅底通至上面接近锅盖，应用时，将加工整理好的原料放入锅内加盖上蒸笼加热。开锅以后，蒸汽从底部空心汽管直蹿入汽锅内，将原料蒸熟，原料质感酥香、汤汁鲜醇、香味不外透。

（四）火锅

火锅是一种在锅内放入鲜汤或清水烧开，将原料放入氽烫成熟。再蘸调味料食用的一种加热的盛器和器具，主要有以下几种：

⑴炭火锅。它用铜、锡制成，中间为锅膛，下连底座，底座上有口，供通风、出灰用，膛内中空，下层有箅子，可放木炭燃料，锅膛的周围为环状槽，亦即锅身，可放涮用的汤汁，上有中空的盖，可盖住环状锅身只露出喇叭口排烟。引燃木炭后，将汤汁烧开，即可上桌，专供涮法烹调用。这种火锅集加热、保温于一体，兼有炉灶、锅具和餐具三种功能。

⑵鸳鸯火锅。鸳鸯火锅与传统火锅相似，只是在锅中间加上横隔或八卦形隔，将锅分为两半部分，分盛两种风味或口味不同的汤料而得其名。

⑶菊花锅。菊花锅，呈圆形，分上下两部分，上半部分为锅体，下半部分为炉膛。内放酒精，周围有镂空的花纹罩罩住锅体。

⑷电火锅。电火锅是以电为能源的火锅，有可控温度开关，温度可自行调节，有搪瓷、陶瓷、铜制等。电火锅与炭火锅相似，只不过炉膛内是用电阻丝加热，安全、卫生、环保。

⑸烧液化汽的盆火锅，此类火锅是炭火锅和电火锅的简化形式，具体是将不锈钢盆置炉上，放入汤烧开，再下入其他的原料涮食。具有容量大，使用较为广泛、方便的优点。

⑹酒精锅。酒精锅也称为锅仔，呈圆形，带盖，不锈钢制，上端是锅，下端是炉膛，炉膛内有一单独小盒，供放酒精或酒精块用，方便、卫生，应用较为广泛。

⑺电磁炉火锅。电磁炉火锅是以电磁能为热源的火锅。火锅下面是电磁炉，上面是不锈钢盆，温度可自行调节。电磁炉火锅使用方便、安全、环保卫生，应用较为广泛。

（五）铁板

用生铁铸成，上面有盖，既是加热工具，又是盛装容器，上桌前先把铁板烧热，把已经制作好的或半成品菜肴迅速倒在铁板上烤烫，并盖上盖，有的还需罩上餐巾，待铁板热量减低，飞溅油汁减少时去掉铁板盖即可食用，能够增加就餐气氛。

（六）其他类

随着烹饪事业的蓬勃发展，餐具在形式上也有了很大的变化。突破了人们对传统餐具的认知，一些新型餐具应运而生，如玻璃盘、冰船、冰碗、彩绘瓷盘、竹器、藤器及用冬瓜、南瓜、西瓜等烹饪原料雕刻而成的盛器被广泛使用，打破了传统的圆形、椭圆形、叶形盘、贝形盘、扇形盘等，并被称为异形盘。其用途上异形盘与圆盘相近，但在形式上却给人以新颖美观、灵巧实用的感觉。

第三节　盛器与菜肴配合的原则

菜肴烹制好以后，需要选用合适的盛器进行盛装，不仅色彩和谐、形状美观，还能在一定程度上提高菜肴的档次。盛具与菜肴的配合一般原则是：

⑴盛具的大小应与菜肴的分量相适应，菜肴的分量应与餐具的大小相适应。菜肴定量少的应该用较小的盛具，菜肴定量多的，应该用较大的盛具。一般要求菜肴装在盘子的中心圈内，要留有盘边，让盘子的空间颜色去同菜肴相应照，再加上盛具的整体去衬托菜肴，而不单单是完成盛装菜肴的基本任务。

⑵盛具的品种应与菜肴的品种相适应。盛具的种类很多，用途各异，这就要恰当地选择。

⑶盛具的色彩应该与菜肴的色彩相谐调。盛具不光是有形状、大小、质地的区别，还有颜色的差别。盛具的色彩如果与菜肴的色彩配合适宜，就会把菜肴的色彩衬托得更加鲜明和谐。一般情况下，洁白的餐具可以适应大多数的菜肴，而有些带有色彩的餐具，更能突出菜肴的特点。

⑷盛具档次应与菜肴的档次相一致。盛具的档次有高低之分，即使是同形状的圆盘，也有一般瓷盘、高档瓷盘之别。一般的菜肴由于成本低、制作简单，宜用一般盛具盛装；而高档菜肴选料精、成本高、制作工艺复杂，应选用高档盛具，以衬托菜肴的档次，显示食者的身份地位。有的盛具破损严重，如有缺口、有裂缝等不宜使用。

复习思考题

一、选择题

1.用拖入法装盘，适用于（　）烹调方法。

A.滑炒、熘、扒　　B.扒、熘、煎

C.清蒸、熘、扒　　D.扒、烧、干炸

2.用倒入法装盘，选用（　）。

A.烧、炒、爆等形态较小、芡汁较多的菜肴

B.烧、炒、爆等形态较小、芡汁较少的菜肴

C.蒸、炒、爆等形态较小、芡汁较多的菜肴

D.蒸、炒、爆等形态较小、芡汁较少的菜肴

3.盛装烩菜和汁芡较多的菜肴可选用（　）作为盛器进行装盘。

A.腰盘　　B.砂锅　　C.汤盘　　D.汤碗

4.干烧鲫鱼采用装盘的方法是(　)。

A.堆摆法　　B.倒入法　　C.拖入法　　D.浇入法

5.麻婆豆腐最好用(　)盛装。

A.平盘　　B.腰盘　　C.汤碗　　D.窝盘

二、简答题

1.盛器与菜肴配合的原则有哪些?

2.各种盛器的用途有哪些?

3.装盘的基本要求是什么?

4.热菜装盘有哪几种基本方法?

5.冷菜装盘有哪几种基本方法?

三、案例分析

“脆皮鸡”的整形

张某是职业学校酒店服务专业应届毕业生，她在“脆皮鸡”上席的过程中不小心碰了一下，将鸡形碰乱了，于是，她随手拿了一块抹布擦拭一下盘子上溅出的蘸料，并马上用手整理了一下鸡肉。请问该同学的做法是否正确？为什么？

评析：

上菜过程中菜形不整齐，应由厨房专业厨师整理，溅出的蘸料也应该用专用的洁净抹布擦拭，否则违反卫生操作规程，造成食品污染，不符合装盘卫生要求。

第七章 中国烹饪主要菜系

第十章

【学习目标】

明确我国菜系的划分方法；

掌握我国主要地方菜风味特点和代表菜肴；

熟悉少数民族菜；

了解其他风味菜。

【内容提要】

◇中国菜系的划分。

◇我国主要地方菜系：川、鲁、粤、苏、浙、闽、湘、徽八大菜系。

◇少数民族菜：回族、蒙古族、朝鲜族、壮族、苗族、彝族。

◇其他风味菜选介：素菜、仿古菜、药膳。

◇案例分析："不正宗的"北京烤鸭。

菜系又称菜肴风味，是指在某一特定范围内沿袭流行并具有特定风味的肴馔体系。我国是一个地域辽阔、民族众多的国家，由于地理气候、物产、经济、文化、信仰以及烹调技术的差异，饮食差别很大，形成众多风味流派。菜系萌芽于春秋战国时期，经历代发展，清朝已逐渐成熟，当时习惯上称"帮"或"帮口"，且多冠以地名，如杨帮菜、川帮菜等，烹饪文献也更多记载，清代饮食鉴赏家、评论家袁枚在《随园食单》中，曾写了南北两种截然不同的烹调方法制作猪肚："滚油爆炒，以极脆为佳，此北人法也；南人白水加酒煨两炷香，以极烂为度。"《清稗类钞》记述清末之饮食状况，称："各处食性之不同，由於习尚也。则北人嗜葱蒜，滇黔湘蜀嗜辛辣品，粤人嗜淡食，苏人嗜糖。"此外，还更加具体分析各地的菜系特色："苏州人之饮食——尤喜多脂肪，烹调方法皆五味调和，惟多用糖，又喜加五香。""闽粤人之饮食——食品多海味，餐食必佐以汤，粤人又好啖生物，不求上进火候之深也。""湘鄂人之饮食——喜辛辣品，虽食前方丈，珍错满前，无椒芥不下箸也，汤则多有之。""北人食葱蒜，亦以北产为胜。……"如此等等。到20世纪50年代出现了"菜系"一词，近几十年随着烹饪事业的发展和烹饪理论研究的深入，中国菜肴风味流派得到进一步显现。

第一节　中国菜系的划分

划分中国菜系的依据，最重要的因素是烹调物质要素和工艺的特色，它主要包括选料上应有特异的、突出的乡土原料，烹调工艺确有独到之处；菜品的地方气息浓郁鲜明；有多种多样的名菜名点，组成形式多样的筵席，烹饪特色具有一定影响力和持久性等，从不同角度，可以划分出不同类型的风味流派。

一、从地域角度划分

这是中国划分菜肴风味流派最常用的方法。有四大菜系、八大菜系、十大菜系和十二大菜系之说。四大菜系即指川菜、鲁菜、粤菜、苏菜。八大菜系指在四大菜系基础上加上浙菜、闽菜、湘菜、徽菜。十大菜系则在八大菜系上再加上京菜、沪菜两大菜系。比较科学的、辐射面较广而又被人们公认的是四大菜系，它们分别代表我国东、南、西、北地域菜肴风味特色。

二、从民族角度划分

我国是一个统一的多民族国家，各民族菜肴在内容和方法上都有许多特殊的地方，所以从民族角度划分，除汉族外，中国55个少数民族就有55种民族菜。

三、从原料性质划分

一般分为素菜和荤菜两大派，素菜从南朝梁代开始形成流派，经千余年的发展到清代，素菜形成了寺院素菜、官府素菜、民间素菜三个派别。

四、从菜肴功用划分

有普通菜和药膳菜之分，药膳菜包括医疗、保健、美容、益智、优生等风味，药膳古已有之，从理论到实践都形成了完整的环节和体系，是中国菜肴的重要组成部分。

五、从菜肴生产主体和消费对象划分

传统的划分包括宫廷菜、官府菜、市肆菜、民间菜、寺院菜等风味流派，但目前有市肆菜和家常菜之分，市肆菜是指酒店、餐馆、饭铺，乃至街边食摊所制作的菜肴；民间菜又称家常菜，是乡村、城镇居民家庭日常所烹饪的肴馔；宫廷菜、官府菜已作为风味特色仿制；寺院菜在特定范围消费。

六、从时代划分

有仿古菜和现代菜之分，仿古菜目前有仿宫廷菜、仿官府、仿唐菜、仿宋菜、仿“红楼”菜、仿随园菜等。

第二节　中国主要地方菜系

一、山东菜

山东菜又称鲁菜或齐鲁菜，历史极其久远，清朝《清稗类钞》就列山东为“肴馔之有特色者”地区之一，山东风味影响遍及华北、华东、东北，明清宫廷风味就是以山东风味为主，吸收其他风味之长形成的。

鲁菜主要由内陆的济南菜和沿海的胶东菜以及济宁的孔府菜所构成，分别有各自的烹饪特点。济南菜制作精细，精于做汤，制品以清鲜、脆、嫩著称，胶东菜又称福山菜，是胶东沿海青岛、烟台等地方风味的代表，以烹制各种海鲜而著称，讲究清鲜，注重原味。济宁曲阜孔府是我国历史最久、最大的一个世袭家族，受到封建统治者的尊重，享受优厚待遇，其生活奢侈，排场豪华，在饮食上更是十分讲究，形成了自成一家的孔府菜肴，具有取料广泛，烹调精细，规格严谨、名馔丰盛的特点。

山东菜特点：

(1)原料广泛、选料讲究；

(2)刀工精细、调和得当、工于火候、精于制汤；

(3)烹调技法全面，以烹制海鲜见长；

(4)善用葱香调味。

鲁菜主要代表菜有油爆双脆、白扒鱼翅、诗礼银杏、九转大肠、清炖加吉鱼、扒原壳鲍鱼、葱烧海参、奶汤蒲菜、扒三白、锅塌豆腐等。

二、四川菜

四川菜又称川菜，发源地是古代的巴国和蜀国，西汉两晋时期四川风味已初具轮廓，明清之际川味因辣椒的传入进一步形成稳定的味型特色，其菜肴风味除四川、重庆外，还影响到西南云贵以及湖南、湖北等地区。

川菜由成都、重庆菜所构成，同时包括自贡、乐山、江津、合川等地的地方菜。

四川菜特点：

(1)取材广泛。四川号称“天府之国”，物产极为丰富，特别是加工性调味品，如保宁醋、郫县豆瓣酱、茂汶花椒、涪陵榨菜、资中冬菜、新繁泡菜、德阳酱油、简阳辣椒，都极具特色。

(2)注重调和滋味，味型变化多样，“百菜百味”。川菜味型之多是其他菜系所不可比的，故国际烹饪界有“食在中国，味在四川”之说。四川菜味多、味广、味厚，常用的味型就有20多种，其中鱼香、怪味、麻辣、家常、红油为特有的味型。

(3)烹调方法独特、多样，菜肴素有“一菜一格”之誉。四川烹饪中常见的烹调方法多达数十种，其中的小炒、小煎、干烧、干煸最具有地方特色。

四川菜主要代表菜有宫保鸡丁、麻婆豆腐、干煸牛肉丝、灯影牛肉、樟茶鸭子、毛肚火锅、清蒸江团、鱼香肉丝、河水豆花、干烧岩鲤等。

三、江苏菜

江苏菜又称苏菜，春秋战国时期吴地风味已露端倪，唐宋已成为“南食”中重要组成部分，元代已具规模，明清完全形成流派。

江苏菜由淮扬菜、金陵菜、苏锡菜、徐海菜四个地方风味组成，淮扬菜以味和南北，制作精巧和清淡见长。金陵菜以滋味平和，醇正适口为特色。苏锡菜原重甜出头咸收口，浓油赤酱，近代趋向清新爽适，浓淡适宜。徐海菜以鲜咸见长，五味兼备，注重实惠，风格淳朴。

江苏菜特点：

⑴因料施艺，不拘一格；

⑵刀工精细，重视火候；

⑶菜肴口味清鲜，提出原料本味；

⑷筵席形式多样，菜品组合考究。

江苏菜主要代表菜有水晶肴蹄、松鼠鳜鱼、无锡肉骨头、叫花仔鸡、金陵盐水鸭、三套鸭、大煮干丝、清炖狮子头、清蒸鲥鱼、梁溪脆鳝、文思豆腐等。

四、广东菜

广东菜又称粤菜，南宋以后，广东风味始具雏形，有“南烹”“南食”之称，清中叶后，形成“帮口”，清末有“食在广州之说”。

广东菜是由广州菜、潮州菜、东江菜三种地方风味组成，以广州菜为代表。

广东菜特点：

⑴选料广博奇异，善用生猛活鲜。广东菜取料之广，为全国各菜系之最。“不问鸟兽虫蛇，无不食之”，生猛活鲜原料为广东菜一大特色，其中以潮州菜用海鲜最为见长。

⑵烹调方法多有独特之处。粤菜擅长泡、炒、清蒸，还有自己独特的方法，如焗、焗软炒、煲等 。

⑶调味以突出清鲜为主，口味滑爽脆嫩。调味料中有些为其他菜系所无，如蚝油、豉汁、西汁、柱侯酱、沙茶酱、鱼露、煎封汁等。

⑷善于兼容并蓄、开拓创新。既取国内其他风味之长，又借鉴国外一些比较科学的方法，灵活变化，融会贯通。

广东菜主要代表菜有麻皮烧乳猪、白云猪手、东江盐焗鸡、脆皮乳鸽、五彩炒蛇丝、干贝发菜、大良炒牛奶、油泡鲜虾仁、潮州冻肉、脆皮炸鲜奶等。

五、浙江菜

浙江菜又称"浙菜"，起源于春秋战国时期的越国，主要由杭州菜、宁波菜、绍兴菜三大分支组成。其总的特色是用料精细，烹调注重火候，口味以清鲜脆嫩为主，讲求美观。其中，杭州菜集中体现了上述特点，多采用爆、炒、炸、烤、焖等法；宁波菜多用海鲜，注重原汁原味、香糯、滑软、咸鲜味突出；绍兴菜擅长烹制河鲜、家禽见长，讲求酥绵香糯，汁浓味重，味多鲜咸，轻油忌辣。浙江菜的代表菜有西湖醋鱼、东坡肉、西湖莼菜汤、干炸响铃、蜜汁火方、龙井虾仁等。

六、湖南菜

湖南菜又称"湘菜"，起源于春秋时期的楚国，是由湘江流域、洞庭湖区和湘西山区地方菜发展而成，湘江流域为其代表。湘菜总的特点是制作精细，用料广泛，讲究烹调加工技巧，菜式层次丰富，味型较多，重香鲜酸辣。湘江流域菜尤重刀工火候，小炒、滑熘清蒸有名。洞庭湖区的菜以烹制河鲜和家禽见长，多用烧、炖、腊等烹调方法，色重芡大油厚，咸辣香软。湘西菜擅长烹制山珍野味、烟熏肉和各种腌肉，风味侧重于咸、香、酸、辣。湖南菜主要代表菜有组庵鱼翅、湘西酸肉、荷包肚、东安鸡，麻辣子鸡、冰糖湘莲、腊味合蒸等。

七、福建菜

福建菜又称"闽菜"，起源于秦汉时期闽江流域，福建菜由福州菜、闽南菜、闽西菜三部分组成，福州菜为其代表。福建菜总的特点是烹饪材料丰富，烹饪技法严谨，刀工巧妙，调味方法奇特，讲求清淡、鲜嫩，多用炒、熘、蒸、炸等法。福州菜味偏酸甜，善于用汤调味和烹制汤菜，也善于用糟香调料；闽南菜善用甜辣，用沙茶、芥末、橘汁等调味方面有独到之处；闽西菜讲究浓厚香醇，以烹制山珍野味见长，味偏咸、油，善用甜辣。福建菜主要代表菜有佛跳墙、七星丸、沙茶鸡丁、生煎明虾、荷包鲫鱼、太极芋泥、鸡汤汆海蚌、淡糟香螺片等。

八、安徽菜

安徽菜又称"徽菜"，是由皖南菜、沿江菜、淮北菜三大部分组成，皖南菜为其代表。总的特点是：就地取材，讲究火工，尤以滑烧、清炖、生熏最有特色。讲究原汁原味，菜式层次丰富而适应不同需要性强。皖南菜以烹制山珍野味见长；沿江菜以蒸制河鲜、家禽见长，味以咸鲜甜酸组成的复合型为主；淮北地区的菜肴则以咸鲜辣为主。安徽菜主要代表菜有无为熏鸡、雪冬山鸡、奶汁肥王鱼、毛峰熏鲥鱼、蜂窝豆腐、火腿炖鞭笋、符离集烧鸡等。

九、湖北菜

湖北菜又称"鄂菜"，起源于春秋时期的楚国，主要由武汉、荆州、黄州等地方菜发展而成，以武汉菜为代表。湖北菜的特点是汁浓、芡稠、口重、味醇，富有民间特色，烹法以蒸、煨、烧、炒见长。武汉菜吸取了外地风味菜的长处，刀工精细，讲究火功，精于配色造型和煨汤技术；荆州菜是汁芡薄，味清鲜，讲究本味，烹制淡水鱼鲜和蒸菜别具一格。湖北菜主要代表菜有清蒸武昌鱼、网衣鳜鱼、鱼糕丸子、黄州豆腐、荷包丸子、粉蒸肉、蒸珍珠丸子、蒸白肉、三鲜酥肉、黄焖甲鱼、红烧野鸭、母子相会等。

十、北京菜

北京为六朝古都，是各地饮食风味和饮食高手云集之地，形成了特殊的菜肴风味体系，北京菜以山东菜、本地菜为基础，以宫廷、官府、清真菜为辅助，广集全国美食之精华。其风味特点是：选料考究、调配和谐、取料广泛、花色繁多、调味精美、鲜嫩酥脆，多用炸、熘、爆、炒、烧、扒，尤以涮、烤最有特色。北京菜主要代表菜有北京烤鸭、烤肉、菜包鸡、涮羊肉、琥珀鸽蛋、水爆肚仁、葱爆羊肉、三不粘、醋椒鳜鱼、珍珠大乌参、糟熘鱼片、它似蜜等。

十一、上海菜

上海菜又称"海派菜"，起源于清代中叶的浦江平原。以本市菜为基础，广泛吸取江、浙、粤、湘及西菜的长处，广采博取、融会贯通，形成了自己的特色。它味厚而不腻，清淡素雅，醇香浓郁，菜品多样；并且最擅用海鲜、河鲜烹制佳肴；小吃点心集各地大成，丰富多彩。上海著名的风味菜有青鱼甩水、松江鲈鱼、虾子大乌参、红烧鳝段、生煸草头、灌汤虾球、贵妃鸡、桂花肉等。

十二、西北菜

西北菜以陕西菜为代表，包括甘、青、宁、新等地区。味型总体以咸鲜辣酸为主，口味重软烂，原汤原汁，质朴无华，经济实惠。其代表菜有葫芦鸡、奶汤锅子鱼、糖醋鱿鱼卷、百合鸡丝、扒驼峰、虫草雪鸡、绣球雪莲、红烧羊肉、酸辣肚丝汤、带把肘子、清蒸羊肉等。

十三、东北菜

东北菜由吉林、辽宁、黑龙江三省地方菜构成，其风味特点是：调味以咸为主，不忌酸辣，但菜味分明，用料以荤为主，擅长炸、熘、爆、炒、烹等旺火速成的烹调方法，注重勺工，擅长大翻勺。其代表菜有酒窝飞龙、白扒猴头蘑、白肉血肠、红烧鹿筋、人参炖乌鸡、冰糖蛤士蟆等。

第三节　少数民族菜系

少数民族菜是中国菜肴风味的重要组成部分，随着社会的发展和进步，我国民族空前大团结，民族饮食也相互交流和融合，各民族饮食之间的差异逐渐缩小，但各民族在长期的发展过程中也形成了一些独具风味的菜肴，如满族的白肉血肠，蒙古族的烤羊腿，朝鲜族的狗肉汤，景颇族的舂鱼，哈尼族的竹筒鸡，基诺族的金肉条，普米族的醉鸡，阿昌族的豆腐烧肉，瑶族的酸菜蒸鲫鱼，怒族的斜拉等。下面主要介绍一些民族菜。

一、回族菜

回族是散居全国、分布较广的民族，以宁夏为主要聚居区，其次是甘肃、青海、新疆、河南、河北、山东等省区。回族风味大致分为西北、西南和京津华北三大流派，其主要特色有：

(1)取料精洁；

(2)烹调工艺精细，擅长爆、焖、扒等方法；

(3)花色品种丰富；

(4)有明显的地域性。

回族代表菜以涮羊肉、烤羊肉串、炮羊肉、炮糊等菜享有盛名。此外甘肃烤鸡块、银川麻辣羊羔肉、青海手抓羊肉等也很有特色。

二、蒙古族菜

蒙古族主要聚居在内蒙古，其余分布在新疆、辽宁、黑龙江、甘肃、青海等省区，蒙古族饮食大致分三类，即粮食、奶食和肉食。蒙古族菜的特点是：

(1)以羊牛肉为主要原料；

(2)烹调方法以烤、蒸、烧最有特色；

(3)味型以咸鲜为主，辅以胡辣、奶香、烟香、糖醋等；

(4)风味品种丰富。

蒙古族菜代表菜有烤羊腿、阿拉善烤全羊、手把肉、大炸羊、黄焖羊肉丸子等。

三、朝鲜族菜

朝鲜族主要聚居在东北三省，吉林省占60%以上。朝鲜族菜肴主要风味特点是：

(1)用料就地取材，比较广泛；

(2)烹调中常用炖、煎、炒、拌之法，腌泡小菜，烹制狗肉方法独特；

(3)调味以咸为主，佐以辣、麻、香、酸；

(4)菜肴大都具有滋补医疗作用。

朝鲜族的代表菜有虎眼肉、狗肉火锅、补身汤、生拌牛肉、煎肉串等。

四、壮族菜

壮族是我国少数民族中人口最多的民族，主要聚居在广西，其余分布云南、湖南、广东、贵州等省份。壮族菜肴的风味特点是：

(1)烹饪原料源于本地所产且广泛采用；

(2)烹调方法主要是煮，也有蒸、烤、腌等；

(3)口味偏甜。

其代表菜肴有白切狗肉、壮家酥鸡、豆腐圆子、柠檬白切鸭、鱼生等。

五、苗族菜

苗族主要聚居在贵州，云南、湖南、重庆、广西、湖北、海南等地也有分布。苗族菜的主要特点是：

⑴以当地物产为主，除种植养殖外，也取野味山珍；

⑵烹调方法中，以腌最有特色，熟烹多用蒸、煮、炸、烤、熏等；

⑶喜食酸辣，糯制菜肴，酸汤方法独特，其代表菜有广西的苗乡龟凤汤、辣椒骨、贵州的捣鱼、炸鱼、血灌肠、湘西的酸肉、油炸飞蚂蚁等。

六、彝族菜

彝族主要居住在四川、云南、贵州、广西等省、自治区也有分布。彝族菜肴主要风味特点是：

⑴一日三餐主食以玉米、荞麦、大麦、粟米等杂粮为主，肉食多作为“坨坨肉”牛羊汤锅、烤肉等，民间多食酸菜和酸菜与豆浆煮的“多拉巴”；

⑵烹调中擅长煮、烤、炸等，善于腌制腊制肉类和酸制肉类；

⑶喜嗜咸、酸、麻、辣。彝族菜代表菜有面糊酸菜肉、白水煮乳猪、皮肝生、油炸蚂蚱、辣血旺等。

第四节　其他风味菜系

一、素菜

素菜通常指用植物油，蔬菜，豆制品，面筋，竹笋，菌类，藻类和干鲜果品等植物性原料烹制的菜肴。中国素菜文化有着悠久的历史，大约起源于周代，南北朝时，特别是南朝梁武帝笃信佛教，大力提倡素食，素食得到很大发展；自唐宋时期素食制作技巧高超，创造了以素代荤的技法；自清代素食已发展成熟，素食选料精细，制作考究，花色品种繁多。素菜的特点是原料全素，讲究色香味形的完美统一，尤以烹调形荤实素的菜肴工艺最为精湛，讲求营养配合等。中国素菜由寺院素菜、宫廷素菜、民间素菜三种风味组成。

1.寺院素菜

寺院素菜又称为斋菜，泛指佛家寺院和道家宫观中的素食佳肴，是专门由僧厨制作，供僧侣和香客食用的菜肴。清朝《清稗类钞》记载，“寺庙庵观素馔之著称为时者，京师为法源寺，镇江为定慧寺，上海为白云观，杭州为烟霞洞”。由此可见，当时素菜很发达。其一般烹调方法简单，品种不繁，大多就地取材，一些名胜古迹素菜更为出名。寺院素菜代表菜有半月沉江、罗汉斋、素火腿、白莲汤、松树菇等。

2.宫廷素菜

宫廷素菜是专门由御厨制作，供帝王斋戒时享用的菜肴。历代宫廷均设有专司饮食的机构，到了清代，御膳房曾下设荤局、素局、饭局和点心局。其中素局专门负责烹调素菜。宫廷素菜的特点是：制作极为精细，配菜规格繁杂，厨技精湛。宫廷素菜的代表菜有炒豆腐脑、素烧鱼翅、素八宝全鸡、口蘑烧菜心、什锦罗汉斋、冬菇面筋、佛手冬笋、挂卤素鹅等。

3.民间素菜

民间素菜是指民间的素菜馆和家常烹制的素菜，素菜馆源于明代，到了清朝素菜馆已相当流行，清朝光绪初年，北京前门大街曾有“素真馆”，西四又有“香积园”，前门大街有“功德林”及“鸿宾楼”等。目前我国享有盛名的素菜馆主要有北京的全素斋、上海的功德林、广州的菜根香、西安的素味香。主要品种有醋熘素黄鱼、脆皮烧鸡、炒素蟹粉、桂花鲜栗羹、鼎湖上素、蜜汁山药兔、金边白菜等。

二、仿古菜

仿古菜即仿照古代菜肴制作的菜品，一般以历史文献、档案材料、古典名著等记述和文物资料为依据，按照“古为今用，推陈出新”的原则研制而成，我国古代一些文献记录不少风味食品，如《礼记》的周代八珍，《烧尾宴食单》的五十八味唐代官府菜，《东京梦华录》《梦粱录》《武林旧事》的北宋汴京、南宋临安的大量市肆食品，清宫档案中的宫廷食品，《红楼梦》中的数十种菜点。当代厨师以保存历史真实性为原则，变古通今，烹制出仿古菜肴，很多仿古菜在进食时从建筑、环境、气氛、器皿以至服务方面也加以“仿古”，使进食者从物质到精神上都得到了一种身临其境的感受，以增加审美情趣。仿古菜主要有：

北京仿清宫菜，名菜有鱼藏剑、龙须驼掌、炒豆腐脑、荷包里脊等。

北京谭家菜，名菜有黄焖鱼翅、清汤燕菜、扒大乌参等。

西安仿唐菜，名菜有辋川小样、驼蹄羹、遍地锦装鳖等。

开封仿宋菜，名菜有东华鲊、两色腰子、水晶烩等。

杭州仿宋菜，名菜有东坡脯、莲花鸡签、蟹酿橙等。

仿红楼菜，名菜有糟鹅掌、老蚌怀珠、怡红祝寿等。

三、药膳

药膳是把具有保健和医疗作用的中药材与食物原料结合烹制的菜肴，是中餐烹饪中具有悠久历史的传统风味，它把防病保健，医疗康复与人的饮食结合，达到防病治病，延年益寿的目的，其主要特点是：

⑴分布广泛，种类繁多层次丰富；

⑵讲求符合营养学、医药学原理，传统观念中对原料的选择和搭配组合特别强调在“五行”和“阴阳”理论之间的“宜”“忌”，主张得饮食之正；

⑶特别注意烹调中使药性得到最佳保留状态和人体吸收的最佳效果，讲求口味之“正”，虽是“药膳”，但让人感到无药味为佳。

药膳菜肴各地均有，地方性强，其代表品种有广东的米酒炒田螺、云南的汽锅虫草鸡、天麻汽锅鸡、山西的黄芪柏子羊肉、内蒙古的枸杞菊花牛鞭、陕西的枸杞炖银耳、湖北的虫草八卦汤、青海的虫草雪鸡、广西的田七炖鹰龟和蛤蚧炖全鸡、辽宁的人参炖乌鸡等均为地方药膳名品。

复习思考题

一、选择题

1.菜系萌芽于（　），成熟于（　）。

A.春秋　　B.先秦　　C.清朝　　D.新中国

2.四大菜系是指川、苏、粤和（　）。

A.沪　　B.京　　C.鲁　　D.浙

3.药膳属于（　）分类法。

A.地域　　B.原料性质　　C.消费主体　　D.功用

4.葱烧海参、九转大肠属于（　）菜系代表菜。

A.北京　　B.山东　　C.安徽　　D.湖南

5.广东菜代表菜肴是（　）。

A.脆皮鲜奶　　B.脆皮乳猪　　C.宫保鸡丁　　D 黄焖鱼翅

6.素菜最大的特点是（　），由（　）和民间、寺庙素菜构成。

A.全素　　B.以素代荤　　C.宫廷　　D.官府

7.仿古菜主要有仿唐菜、仿宋菜和（　）。

A.仿宫廷菜　　B.仿红楼菜　　C.仿随园菜　　D.仿孔府菜

二、简答题

1.菜系的概念是什么？划分菜系有哪些依据？

2.中国菜系有哪几种划分方法？

3.四大菜系的特点和代表名菜有哪些？

4.主要少数民族菜的特点有哪些？

5.什么是素菜？有何特点？

6.素菜可分几类？其代表菜是哪些？

7.仿古菜有何特点？主要仿古菜有哪些？

8.什么是药膳？有哪些特色品种？

三、案例分析

“不正宗的”北京烤鸭

南方一酒楼经理带员工去北京参观考察，品尝北京烤鸭后大为赞赏，当即留下两名厨师专门学习北京烤鸭制作，三个月后，厨师学成回来，酒楼隆重推出“正宗北京烤鸭”，但食客反应平淡，评价酒楼制作的北京烤鸭不够正宗。试分析原因。

评析：

地方性名菜有很强的地域性，在选料、加工和制作上都有独到之处，也和当地人们的食俗和口味相融合，仿制时选料、加工和制作一定要技术到位，否则就不能称为正宗。北京烤鸭选料上是选用特有的北京填鸭为原料制成，南方的酒楼如没有专门的渠道进货，即使技术到位，也做不出正宗的北京烤鸭。

第八章 面点基础知识

【学习目标】

了解面点起源与演变的基础知识；
明确中式面点的种类；
熟悉中式面点流派及特点；
掌握数十种风味面点的质量标准和风味特色。

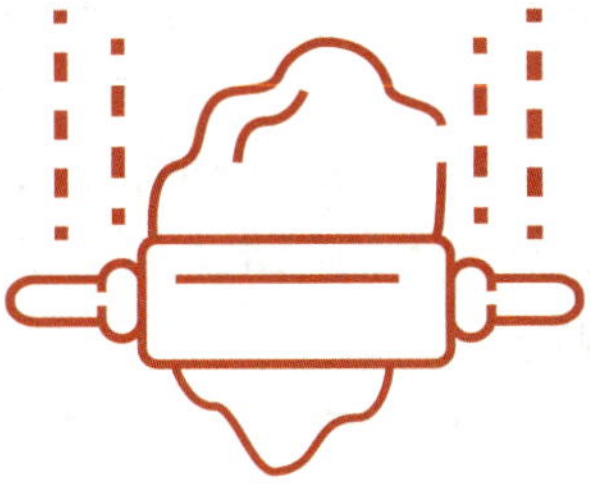

【内容提要】

◇面点的起源与演变。
◇面点起源和发展的三个阶段。
◇面点的种类：麦类制品、米类制品、杂粮及其他原料制品。
◇面点风味流派及特点。
◇京式面点、广式面点、苏式面点。
◇中式面点的基本特点。
◇风味面点：京式、广式、苏式代表品种及其他风味面点品种。
◇案例分析：　实习操作课“肉馅包子”的制作。

第一节　面点的起源与演变

面点是面食与点心的复合词，泛指以麦面、米粉等为主要用料，以手工为主制作的食品。

面点是我国人民创造的传统食品，有着悠久的历史，高超的技艺，是祖国珍贵的文化遗产之一。

一、面点的起源

（一）逐步丰富的谷物粮食为面点提供了原料

我国是最早栽培谷物粮食的国家之一，据考古资料证实，在没有文字记载的新石器时代，即距今4000～7000年前，我国黄河流域，江南各地已经有了相当发达的原始农业和畜牧业，在陕西半坡、浙江余姚河姆渡等古文化遗址中，发掘的粮食作物有黍、稷、稻、大豆和麦；驯养的动物有猪、牛、羊、马、狗、鸡等。到了夏、商、周时期，可以用来做糕点的原料更加丰富，在甲骨文和其他先秦古籍中记载当时已有以下各种食物原料：谷物有稻、稷、麻、大豆、小豆、大麦、小麦；动物饲养有狗、牛、猪、羊、马、鸡、鱼等；蔬菜瓜果有瓜、芥、枣、橘、桃、李、杏、梅等。充足的原料，为面点发展提供了物质保证。

（二）石磨的发明使人们掌握了磨粉技术

石磨是一种用于谷物粉碎的用具，据考古发掘，我国河南裴李岗遗址中曾发现新石器时代的石磨盘和石磨杖，这一套磨具虽然很原始，但也证明了我国先民当时已掌握磨粉技术。此外，我国在山东日照市两城镇遗址中发掘了新石器时代的石杵臼，这是一种谷物脱壳、粉碎的用具，古籍《易·系辞》中也有"断木为杵，掘地为臼"的记载。

面点是一种典型的粮食、果品和其他副料，经深加工而成的食品，如果没有粮食加工用具，糕点就不能问世，石磨的发明开辟了人们从粒食到粉食的新阶段，给面点制作提供了重要工具。

（三）油脂、食盐、蜂蜜为面点提供了调料

油脂、盐、蜂蜜（糖）是面点制作的重要原料，盐的发现最早，早在新石器时代，我们的祖先就懂得用盐调味，《世本·作篇》记载："夙沙氏煮海为盐。"进入陶器时代，各种蒸煮、烤烙陶器以及饲养的家畜，使油脂提炼成为现实。蜂蜜（糖）最迟在春秋战国已经开始出现，《礼记·内外篇》"枣栗饴蜜以甘之"，可知当时已知道制麦芽糖和用蜜糖。

（四）青铜炊具使面点丰富了熟制工具

面点熟制工具在我国起源很早，在陶器时代就已经发明了陶制蒸、煮、烤、烙设备。进入青铜器时代的殷商，炊具品种更加丰富，有鼎、鍑（大口锅）、鍹（平底小锅）等用具。青铜炊具导热快，可塑性强，比陶制炊具结实耐用，可以用来油炸、蒸制、烤制面点，由于这些物质条件的具备，使面点制作技术日臻完善。

二、面点的发展阶段

（一）早期发展阶段

夏商时期，我国面点技术开始进入早期发展阶段，古籍也开始有面点记载，诗经《大雅·公刘》有"糇粮"一词，据考证，它是一种便于携带，可以较长时间存放的干粮。《礼记·内则》有"糗饵粉餈"之食，即今之糍糕之类。其后，面点品种逐渐增加，屈原在《楚辞·招魂》中说"粔籹蜜饵，有餦餭些"，粔籹和餦餭就是后来的麻花和馓子。进入秦末汉初，出现了先进的"两扇圆形石磨"，糕点原料愈加丰富，汉代面点生产得到迅速发展，有关面点的文字记载增多，并出现了"饼"的名称。许慎《说文解字》对饼字这样解释："饼，以粉及面为薄饵也"。汉刘熙著的《释名》对饼的制作做了进一步说明："蒸饼，饼并也，溲面使合并也。"溲面，就是发酵面，说明当时已有利用发酵制作面食的技术。《释名》中还记有"蒸饼、汤饼、馅饼、髓饼、金饼、索饼之属，皆随形而名之也"。其中，胡饼为炉烤的芝麻烧饼，蒸饼类似馒头，汤饼是水煮的揪面片，是面条的前身，索饼也类似面条，髓饼为加动物骨髓、油脂和面而制成的炉饼，馅饼为牛羊脂而制的油炸食品。由此可见，汉代面食品种已丰富多彩，面点制作已独立成宗，向专业化方向发展。魏晋南北朝时期，面点制作技术有了进一步的发展，在贾思勰的《齐民要术》中，就记载了白饼法、浇饼法、髓饼法、鸡鸭子饼、细环饼、截饼、水引、馎饦法、粉饼法、豚皮饼法、沾面砂滲法等许多点心的制作法。

（二）中期发展阶段

隋唐到宋元时期，我国面点全面发展，出现古籍食品专著，有隋·谢讽《食经》，唐·韦巨源《韦巨源食谱》等较有名的作品。唐代，由于生产力的发展，面点已发展为商品生产，长安出现专业作坊和饼师，开始使用烤炉和“饼鏊”(平底锅)等工具，品种除了糕饼外，还出现了团、粽、包、点心等。在元稹的诗句中称“采缕碧筠粽，香粳白玉团”。大诗人白居易诗曰：“胡麻饼样学京都，面脆油香新出炉”形象描述胡麻饼新出炉，面脆油香的特点。宋元时期，从早点到夜宵都有点心作为饮食市场的重要品种，宋代吴曾在《能改斋漫录》中说：“世俗例，以早晨小吃为点心，自唐时已有此说。”食用点心已成为“世俗例”，可见当时点心制作的普遍性。

在面点制作工艺上，面团调制种类齐全。水调面团制作较广泛，有用冷水面做卷煎饼，有用沸水烫面做饺皮；发酵面团技术已普遍使用，并出现对碱酵子发面法，油酥面团的制作已趋成熟，苏东坡有“小饼如嚼月，中有酥和饴”诗句。馅心品种丰富多彩，动植物原料均可制馅使用，其口味甜、咸、酸均有。成形方法富于变化，面条可干切成条，也可拉曳成宽长条；油酥点心用模子压成形，然后油炸；馒头可以捏成形，也可用剪刀在外皮上剪出花样，称为剪花馒头。熟制方法已有煎、炸、煮、蒸、烤、烙、炒等。

(三)明清开始繁荣

明清时期，我国面点制作已达到相当高的水平。品种推陈出新，迅猛增加，制作工艺精细美观。在此时期，中式面点的重要品种已大体定型，各面点风味流派基本形成，面点在饮食中的地位更加突出。有关面点的著作也愈加丰富。随着中外文化交流发展，西式食品和西方食品工业技术传入，扩大了食品市场，促进中式面点制作技术的发展。

面点制作工艺独到，面团调制齐全、讲究，已普遍运用至今还沿袭的四大面团(水调面团、油酥面团、发酵面团和米粉面团)。成形方法多样，除一般的包捏以外，擀、切、叠、搓、抻、裹、卷、模压、刀削各显其妙，馅心制作变化多端，荤、素、甜、咸、酸、辣均有。花卉也经常用于制馅之中，并出现了“中用肉皮煨膏为馅”的皮冻冷凝以做汤包的方法。这时期面点熟制技术进一步提高，主要表现在多种方法的综合使用上，如有的面条要先煮熟，后过水晾干再经油炸，入高汤微煨而食；有的饼要先烙后蒸，这样就出现了不同风味。夏天煮制凉糕也较流行。

面点制品更加精美，其工艺已接近现代的面点品种，许多品种已达到相当高的水平。如山东薄饼、苏州软香糕、扬州运司糕、杭州百果糕等闻名全国，在徐珂所著《清稗类钞》中也记载着全国各地许多驰名糕点的做法，其中有沙糕、豌豆黄、神糕、云英糕、三层玉带糕、脂油糕、雪花糕、广寒糕、玉兰花饼、蓬蒿饼、广东盲公饼和老婆饼等。

明清两代，面点在筵席中的地位越来越重要，一般筵席都少不了面点，清代规模盛大的“满汉全席”，有满洲饽饽大小花色品种四十四道，清代还出现了以面点为主的筵席，如嘉庆年间的“光禄寺”(皇帝举办宴会的部门)做了一桌面食宴席，仅用面量就达60多千克，足见其面点品种之多。

第二节 面点的种类、流派和特点

一、面点的种类

中式面点品种繁多，花色复杂，地区差异很大，分类方法也较多，主要分类方法有以下几种：按使用原料分类，可分为麦类制品、米类制品、杂粮和其他原料制品；按熟制方法，可分为蒸、煮、炸、烙、烤、煎以及综合熟制法的制品；按馅心分类，可分为荤馅、素馅、荤素馅三大类；按口味分类有咸味、甜味以及复合味三种；按面团分，有水调面团、蓬松面团、油酥面团、米粉面团等。一般按原料分类，可分为以下几类：

（一）麦类制品

麦类制品是用小麦（面粉）为主料加工制作的面食点心。按坯皮的调制方法和制品特点又分为以下几类：

1.水调面制品

以面粉和水调制面团制作的制品，有时还要酌情添加盐、碱和其他配料，因水的温度不同又可分为冷水面、温水面和热水面。其主要品种有面条、水饺、馄饨、烧麦和花色蒸饺等。

2.蛋面制品

指以全蛋液（蛋清）与面粉调制面团，然后成形熟制的制品，其主要品种有蛋糕、蛋球等。

3.酵面制品

在水调面中加入发酵面后，经发酵、成形和熟制而成的制品。常见的品种有包子、馒头、花卷、蒸饼等。

4.松酥制品

用面粉和水、油、糖、化学膨松剂（有的品种不加）调制面团，然后成形熟制的食品。某些品种还要加入蛋液和乳品。主要品种有广式开花包、桃酥、杏仁酥、甘露酥、开花枣等。

5.层酥制品

指用水油面或水调面为外坯，油酥为内坯，再经调制成形，熟制而成的制品，主要品种有盒子酥、眉毛酥、千层酥等。

6.矾碱面制品

是在水调面中加入一定量的矾、碱，然后成形熟制（通常用油炸）的制品。主要品种有油条、麻花、馓子等。

（二）米类制品

指用稻米或米粉为主制成的食品。可分为以下几类。

1.米制品

指用稻米加水熟制的食品。常见的有米饭、粥、粽子、糍粑等。在这些品种中加入其他调辅料，便能制成各种风味的花式品种，如八宝饭、八宝粥、嘉兴粽子等。

2.米粉糕类制品

指用糯米粉、粳米粉、籼米粉为主料，加水和糖拌和调制，再经成形熟制而成的制品。有时还加入其他调辅料，主要品种有年糕、方糕、蜜糕、花糕、芋头糕、萝卜糕等。

3.米粉团类制品

以糯米粉、粳米粉为主料，经调制成形熟制的食品。诸如各种汤圆、蒸团、南瓜团、鲜肉团、麻团及苏州船点等。

4.酵米面制品

指用籼米粉加水及膨松剂等辅料调制发酵成形熟制的食品，如米蜂糕、伦教糕等品种。

（三）杂粮和其他原料制品

1.澄粉制品

澄粉是经过特殊加工的纯淀粉，用它加热水调制，再经成形熟制而成的制品，如虾饺、水晶饼、娥姐粉果以及各式船点等。

2.杂粮豆薯食品

指将杂粮豆薯磨成粉，再经调制、成形和熟制而成的食品。如小窝头、绿豆糕、豌豆黄、芋角、山药糕等。

3.果蔬制品

指用水果、蔬菜为主制成的制品。如马蹄糕、莲蓉点心等。

4.其他制品

不属于上述各类的面点食品。

二、面点的主要流派

“十里不同风，百里不同俗”，我国幅员辽阔，各地气候、物产、人文特点、生活习惯等诸方面都存在较大差异，使中式面点不仅品种丰富，而且具有浓郁的地方风味与特色。以长江流域为界，从饮食风味特点来划分，就有南味、北味之分，北味以面粉、杂粮类制品为主，偏重于咸点心制作；南味以米和米粉制品为主，偏重于甜点心制作，从面点选料以及口味、制作工艺上，主要分有京式、广式、苏式三大流派。

（一）京式面点

京式面点泛指我国黄河以北地区的风味面点，包括山东、华北、东北等地，以北京为代表。京式面点最早起源于山东、华北、东北地区的农村及少数民族地区，进而在北京形成一个流派，北京是金、元、明、清的古都城，现在又是我国的首都，多方面的需要和有利条件使它博采各地之精华，既集中了四面八方的美食原料，又汇聚了东西南北的风味及烹饪高手，逐渐形成了中式面点一大流派。

京式面点地处我国北方，这一地区盛产小麦和杂粮，面粉、杂粮是其面点制作的主要原料，在面食制品方面，有独到技艺，被称为四大面食的抻面、削面、小刀面、拨鱼面享誉全国；清宫仿膳点心，更是广集天下精湛技艺，质量精美、脍炙人口；京式传统风味小吃随时令不同面市，深受广大人民喜爱。

京式面点品种丰富，质感较硬实、筋道。制品外形精细美观，表面多有印纹，富有传统的民族特色，口味以咸鲜为主，咸甜分明，咸馅多用姜、葱、黄酱、香油等，肉馅多用“水打馅”，口感鲜咸而香，柔软鲜嫩，别具风味。成熟方法以蒸、煮、烤、烙、炸为主。

京式面点代表品种有龙须抻面、银丝卷、盘丝饼、都一处烧麦、一品烧饼、清油饼、天津狗不理包子、京八件以及清宫仿膳的豌豆黄、云豆卷、千层糕、小窝头等。

（二）广式面点

广式面点是指珠江流域及南部沿海地区的面点制作的总称。以广东为代表，故称广式面点。

广东地处我国南大门，来往国际侨宾客甚多，气候又较炎热，长期以来养成了一种“饮茶食点”的习惯，加上南方物产丰富、用料广泛、品种繁多，所以素有“食在广州”之称。近百年来又吸收了部分西点和菜肴制作技术，故广式的甜点近似于西点，部分咸点近于菜肴，形成了独特的地方风味。

广式点心以取料广博、花色品种多样，制作精细并富于变化而著称，口味清淡偏甜，讲究鲜嫩爽滑，保持原味。特别是善于运用马蹄、芋头、椰丝、榄仁等土特产原料制作多种多样的美点，具有独特的南国风味。此外，由于珠江流域盛产大米，所以米制品是广式面点的拳头产品。广式面点成熟方法以蒸、炸、烤为多。

富有代表的面点有虾饺、叉烧包、马蹄糕、娥姐粉果、莲蓉甘露酥、擘酥鲜蛋挞、荷叶饭、腊味饭、鱼生粥、沙河粉、肠粉、芋头糕、萝卜糕、月饼等。

（三）苏式面点

苏式面点是指长江中下游，江、浙、沪一带地区所制作的面点，以江苏为代表，故称苏式面点。江浙一带是我国著名的鱼米之乡，经济繁荣，饮食文化发达，为制作多种多样的面点提供了良好的物质条件。制品讲究色、香、味、形俱佳。口味鲜美、汁多。使苏式面点具有制作精巧、造型美观、口味鲜美、馅心多样的特点，其中尤以软松糯韧、香甜肥润的糕团见长。苏州船点，形态各异、栩栩如生，被誉为食品中精美的艺术品。

苏式面点皮坯原料以米、面为主，质感略软，能保持良好的造型功能，馅心比重较大，历来有皮薄馅大之称，咸馅注重掺皮冻，汁多肥嫩，味道鲜美；甜馅用料广泛，使用多种果仁、蜜饯，并大多辅以桂花、玫瑰花等，故口味香甜。成熟方法通常有蒸、煮、炸、煎、烤、烙及复合成熟法。

富有代表性的面点有淮安汤包、翡翠烧麦、上海小笼包、宁波汤圆、三丁包子、千层油糕、黄桥烧饼、各式酥饼、花色船点等。

三、中式面点的基本特点

中式面点制作技术自成体系，特点十分突出，它以其营养合理，应时应节，食用方便，宜于贮存等优点深受国内外人民欢迎，它和中国菜一起以绚丽多姿的独特风味使中国烹饪闻名于世。

（一）取材广泛，制作考究

中国地大物博，各地面点制作取料十分广泛，凡可入馔的食物原料，无不采纳，如植物性原料（如粮食、蔬菜、果品等）、动物性原料（如家畜、禽品、水产品等）、矿物性原料（如盐、碱、矾、小苏打、臭粉等）、人工合成原料（如膨松剂、香精、色素等）以及微生物原料（如酵母等）。以上原料经合理搭配、精巧烹调、造就出各地区具有民族风味的点心品种。在繁多的原料中，中式面点制作还对原料的选择特别严格，根据原料产地、上市季节、品质特征合理选用原料。每款点心品种都有其选料标准。如制作虾饺馅，选择个大、新鲜无异味的虾仁做原料；制猪肉馅，取用黏性大、吸水力强的前夹心肉；干果原料，以肉厚、体干、质净有光泽的为取用标准。

工艺精湛是面点制作的一个主要特色。如清宫面点银丝卷，主要原料是水和面，但制作要求却十分复杂和精良，须经过和面发酵、揉面、溜条、抻丝、包卷、蒸熟等七八道工序。广式月牙饺，虽属大众面点，但工艺要求严格，每个成品折纹 8～12 褶，且褶纹清晰、整齐、形似月牙，充分体现制作的精细。

（二）重视馅心，讲究调味

中式面点历来重视馅心的调制，并把它当作决定面点风味的关键。荤馅、素馅和荤素合馅三大馅心又分若干种类，一种皮坯，通过变化馅心就可制出风味各异的点心品种，这是西式点心所不能比拟的。

馅心花式繁多，口味丰富，体现中式面点特色，一种原料，可以制出几种、几十种不同的馅心和风味。我国丰富的调味品和精湛的调味技术，使中式面点口味呈现丰富多彩的效果，主要有香甜、咸鲜、酱香、葱油、麻辣、酸甜等味型。西安饺子宴，一饺一技、百饺百味，充分体现中式面点味型的多变。

（三）技法多样，造型逼真

中式面点技法精细微妙，巧夺天工，单其成形技法就多达几十种，常用的有搓、切、包、卷、擀、拧、叠、摊、抻、削、拔、滚沾、挤注、模具、按、剪、镶嵌、钳花等十几种不同手法，再加上和面技法、揉面技法、擀皮技法、上馅技法、熟制技法，真可谓技法多变。这些各具特色、各显其艺的加工技法和包捏造型手法，使中式面点千姿百态，栩栩如生。如苏扬船点，用米粉调制面团，经过调色，捏制成各种花卉、飞禽、走兽、水果、蔬菜、鱼虾、昆虫等形状，制作精巧、造型逼真、讲究意蕴。它既是可口的点心，又可以说是一种精湛的手工艺品。传统品种莲花酥，采用搓、包、卷、擀、叠、按、切等七种成形技法，成品酥层丰富、造型自然，恰似一朵盛开的莲花。

（四）应时应典，寓情于点

根据不同季节、不同对象、不同需要制作出不同特色的面点是中式面点的一大特点。如春季气候变暖，人们喜食清淡食品，就有春卷、春饼、豌豆黄等面点应市，同时用“杏花”“梨花”“桃花”命名的并具有自然风采的面点，体现春季万紫千红、芬芳吐艳的季节；夏季酷暑炎热，马蹄糕、菠萝冻糕、三色凉糕等面点消暑清凉；秋季菊黄蟹肥、气温渐凉，应时面点“菊花酥”“蟹黄汤包”“硕果花篮”寓意收获，可唤起食客无限的秋思遐想；冬季是梅花傲霜斗雪之季，时令面点梅花饺、雪花酥等具有象征意义的面点，起到烘托筵席气氛的良好作用。

我国传统节日很多，适应不同节日供应的精美面点，逐渐形成了固定的饮食习俗，这不仅满足了人们的口腹之欲，更成了人们感情交流不可缺少的媒介物品，如元宵节的元宵、清明节的青团、端午节的粽子、中秋节的月饼、重阳节的重阳糕、春节的饺子、年糕等。适应婚喜、寿庆的各种美点，则更渲染了主题，增添了欢乐气氛。

第三节 风味面点简介

一、京式面点

(一)褡裢火烧

褡裢火烧是带馅长形的烤食，是北京著名的传统风味小吃。因形似清末时期生意人肩扛褡裢，故取此名。

特点:色焦黄油亮皮薄馅软，滋味鲜香，宜配米粥或酸辣汤食用。

原料:肥瘦肉 750 克，面粉 1000 克，葱花 150 克，黄酱 30 克，姜末、酱油、盐、味精、香油适量。

制法:

⑴将面粉加入水中和成面团，按揉光滑后饧 10 分钟，在案板上搓条，揪下大面剂按成长方形的面皮。

⑵羊肉剁成茸，配以葱花、姜末、韭菜、盐、酱油调成馅，取擀好的面皮，放入肉馅，折成长 10 厘米、宽 3 厘米的生坯，入锅煎烙至两面焦黄即可。

(二)三鲜烧麦

京式著名风味小吃，清代称为“稍麦”，又因其形如麦梢上绽开的白花，故又称为“梢麦”。以北京“都一处”烧麦馆制作的最出名。相传清乾隆三年农历除夕日，乾隆徽服私访通州回到京城，在此店品尝烧麦，深表满意，并有感于偌大京城唯此一家除夕营业，欣然赐名:“都一处”店号。三鲜烧麦色白形美、似小石榴状，皮薄馅丰，滋味鲜香醇厚。

皮用料:精面粉 500 克，沸水 200 克。

馅用料:猪瘦肉 500 克，虾仁 100 克，海参 50 克，玉兰片 100 克，酱油 50 克，姜末 10 克，清水 200 克，盐、料酒、味精、芝麻油适量。

制法:

⑴将猪肉剁成细末，海参切小丁，虾仁、玉兰片剁细丁，加入姜末、酱油、盐、料酒拌匀，分三次搅入清水，顺一方向搅拌上劲，搅至馅心呈稠糊状，加进芝麻油即成。

⑵皮料用沸水烫面，揉和搓条、出剂(每剂 18 克)用走槌擀皮，使面皮出现花褶，逐个包入馅心 25 克，用右手五指向上一拢，拢成小石榴状开花张嘴，露出一点馅心，上笼蒸约 7 分钟即可。

(三)艾窝窝

艾窝窝是北京传统风味食品，历史悠久，也称“不落夹”，有诗说道:“白粘江米入蒸锅，什锦馅儿粉面搓，浑似汤圆不待煮，清真唤作艾窝窝。”其外形呈球形，质地粘软柔韧，馅心香甜可口。

原料：糯米1250克，大米粉250克，白糖1000克，芝麻500克，糖桂花、核桃仁各100克，瓜子仁50克，青梅、冰糖渣各150克，金糕250克。

制法：

⑴将糯米浸泡8小时上笼蒸熟，入盒放开水2000克，浸泡20分钟，使糯米吸饱水分再蒸30分钟，用木槌捣烂成团。

⑵核桃仁末，芝麻焙黄，瓜子仁洗净，青梅切成末，金糕切成丁，与白糖、冰糖渣、糖桂花合在一起拌成馅。

⑶大米粉蒸熟晾凉，铺撒在案板上，再放糯米团揉匀，出剂100个，逐个揌成圆皮，包上25克甜馅，包成圆球状即成，装盘时，点缀红绿丝即可。

（四）豌豆黄

豌豆黄原为清官御膳房制作的一道夏令清暑甜食，制品色泽浅黄，质地细腻，入口即化，滋味香甜凉爽，沁人心脾。

原料：豌豆500克，白糖300克，碱粉1克，琼脂10克，清水1250克。

制法：

将琼脂泡透，加入250克清水，煮化过筛待用，豌豆碾碎去皮，加进清水和碱上蒸锅旺火蒸烂过网筛。将豆泥放入不锈钢锅内，加入白糖拌匀，上火炒沸，不停铲动以防煳底，炒至水分蒸发呈稠厚状时，将琼脂水拌匀倒进长方形盘内，冷却凝结后切成菱形块即可。

（五）耳朵眼炸糕

天津著名的风味三绝之一，由刘万春始创于光绪庚子年间。刘家炸糕选料严格，操作精细，逐渐名扬津沽，因店铺紧挨一条仅一米宽的耳朵眼胡同，人们就习惯称刘家炸糕为耳朵眼炸糕。制品色泽金黄，皮酥脆馅柔软，细甜爽口，香味芬芳。传统的炸糕掉在地上能跌成碎瓣，足见其酥脆程度，放置多日，仍不会软变质。

原料：按50个成品比例，北河黄米2千克，红砂糖750克，红小豆500克，食碱20克，芝麻香油20千克(实耗700克)。

制法：

⑴红小豆放水600克煮至八成熟加碱搅匀，再用小火煮至熟烂，离火晾凉后捣烂。红砂糖放少许熬成糖汁，下豆馅炒至豆馅不粘手时取出。

⑵黄米浸泡5小时，磨成米浆后装进布袋压出水分，入盆中任其发酵，待面发好后兑碱，出剂50个，揌扁包馅50克，收口包严，轻按成扁圆形，放入芝麻热油中炸至两面金黄即成。

（六）狗不理包子

天津著名风味三绝之一，始创于清末，有一百多年历史。创始人叫高贵友，“狗不理”是其乳名。成品外形美观，如待放的白菊，皮薄而有筋力，馅大而汤足，肉松软香鲜。

皮用料：精面粉500克，酵面50克，食碱适量。

馅用料：猪前夹心肉350克，酱油85克，姜末3.5克，味精6克，葱花、芝麻油各25克，鲜汤(清水)175克。

制法：

⑴将肉绞成泥，加姜末、酱油搅拌肉黏稠，分数次加入鲜汤(顺一方向搅动)，使水与肉完全融合，加入味精、葱花、芝麻油拌匀。

⑵面粉与酵面和匀，发酵后兑碱，搓条出剂(每剂子重约25克)按扁擀成中间稍厚边略薄的圆形皮子，包入馅心(重约18克)，右手拇指与食指沾边提褶16～18个，收口成圆形包子，置入蒸笼，旺火沸水蒸制7～8分钟即熟。

(七)油旋

山东著名的风味小吃，清初《食宪鸿秘》中就有"子层油旋烙饼"记载，迄今已有300余年历史，油旋呈黄色，层层卷起，外脆内嫩，与馄饨同食味道更佳。

原料：精白面粉500克，大葱50克，精盐2克，猪油50克，花生油适量。

制法：

面粉加水和成软面团，大葱、猪板油均剁碎混合成葱油泥，出剂10个，擀成长约7寸、宽3寸的长条，面上刷一层花生油，再用手抹匀盐、葱油泥，从一端边拉边卷成圆筒状在右端捏紧，并拧下面头。整齐一面抹一层油放在鏊子上用手压平成圆饼状。将鏊子烧热烙烤至两面金黄，从有旋的一面用手指捅成一个窝，即成中空而多层的油旋。

(八)驴打滚

驴打滚又称豆面糕，吃时要滚裹黄豆面，俗称"驴打滚"。《燕都杂咏》载："红糖水馅巧安排，黄面成团豆面埋，何事群呼驴打滚，称名未免近诙谐。"过去的京城年糕铺常出售此品，也是各种庙会和肩挑小贩经营的小吃。昔日驴打滚多以黄米面当主料，配以豆馅，裹上黄豆面，浇黑糖桂花水食用。如今大多以红米面作主料，制法如故。此品色黄、软糯香甜。

原料：红米面1000克，豆馅750克，黄豆150克，白糖100克，红糖水150克，桂花25克。

制法：

⑴红米面用水和均匀，蒸锅烧开，将和好的面团倒入蒸锅内蒸约40分钟。

⑵将黄豆磨成黄豆粉，放入烤盘里烤香烤熟，红糖水加桂花兑成汁。

⑶将红米面粘上黄豆粉，擀成片，抹上豆馅卷成筒状，再切成小块，撒上面糖或浇上红糖水、桂花水即可食用。

(九)削面

京式著名风味面食，是一种用刀削成的面条，源于山西。清《素食说略》记载："削面，面和硬，须多柔，愈揉愈佳，作长块置掌中，以快刀削细长薄片，入卤水煮或卤浇食甚有别趣。"随着闪闪的刀光移动，片片面条像雪白的鱼儿蹿入锅内，在沸水中游动翻滚，其面味浓郁，富有筋力，堪称中华面食一绝。

原料：面粉1000克，精盐、拌面菜码、酱料等适量。

制法：

⑴面粉中加入水(约350克)，盐和成面团，把面团揉搓光滑上劲，后放入盘中醒放片刻。

⑵把面团擀成16厘米长的厚面片，后把面片卷在长擀棍上，形成一个光滑平整的圆筒。

⑶在沸水锅前，一手把面筒，另一手持刀，由上往下，从左至右，一刀接一刀地把面团削成长形面条，并落入锅里，煮熟捞起，可加宽汤小块炖肉搅拌，也可以炸酱或麻酱加菜码和小料拌食。

(十)盘丝饼

盘丝饼是山东济南著名小吃，因此饼是用细如线的抻面盘绕而成，故名盘丝饼。抻是北方制作面食的一种独特方法，除制作龙须面条外，还制作盘丝饼、银丝卷、一窝酥等。盘丝饼犹如金丝盘绕，十分美观，口感酥脆香甜，回味无穷，是宴会上的上等点心。

原料：面粉 2.5 千克，水 1.25 千克，精盐 10 克，碱面 10 克，清油、香麻油适量。

制作：

⑴面粉加盐、碱和水揉和成面团，盖上湿布饧 1 小时，开始溜条，两手握住两头提起连拉带抖，交叉打扣，反复数次把面溜顺，面条粗细均匀，柔滑有劲，呈现出一缕缕的条丝即可。

⑵将溜好的大条放案上，撒上干面粉，两手抓住两头抻，甩在案上一抖，左手食指，中指、无名指，夹住条的两个头，右手拇指、中指抓住条的中间成另一头，然后右手向外一翻，一抻一抖（一甩）把面抻长，把右手的头扣到左手，这时条放在案上成三角形，用右手抓住三角形的正中部位如此反复抻，至面条达到绳线粗细即可。

⑶将抻面刷上香油，盘成圆饼形，放平鏊上烙，并在饼上刷油，直到两面烙至金黄色，装盘后撒上绵白糖即可。

二、广式面点

（一）娥姐粉果

娥姐粉果是广式传统名点，形如橄榄核，色白如雪，皮薄透明，馅料隐约可见，食之软滑爽韧，味鲜香浓。

娥姐粉果出现在 20 世纪初，娥姐原是珠江水上人家的一位聪慧美丽的姑娘，家境贫寒，一家数口靠她在小艇上卖粉果为生。她做的粉果皮薄肉厚、味美鲜香，被“茶香室”的老板看中，聘去专制粉果，为了招徕顾客，老板特为娥姐做了玻璃档口，现制现卖，风靡全城。群众称其粉果为“娥姐粉果”。各茶楼、酒家竞相仿制，至 30 年代初，广州茶楼酒家兴起“星期美点”，蛾姐粉果即被列为传统美点。

用料：澄面 400 克，生粉、粟粉各 100 克，猪肉 600 克，冬笋 500 克，叉烧肉 500 克，蟹肉 100 克，虾肉 500 克，蚝油、白糖、盐、味精适量。

制法：

⑴将澄面、生粉、粟粉倒入 500 克开水内烫成面团后再搓条，出剂，把剂子擀成薄圆皮。

⑵猪肉、虾肉、冬笋、叉烧、蟹肉切成指甲片状后入锅炒制，放入调味品炒成馅心。

⑶取面皮包入馅心，捏成橄榄形。把生坯放入蒸笼内用旺火蒸 5～6 分钟即熟。

（二）酥皮莲蓉包

广式著名风味小吃，基本特点是层次分明，酥暄鲜香、甜润爽口，易于消化等。

用料：面粉 700 克，猪油 100 克，酵母菌 5 克，奶粉 100 克，白糖 100 克，莲蓉 600 克，水适量。

制法：

⑴用面 500 克加入水、奶粉、糖、酵母菌和成发酵面团。

⑵用面粉 200 克，加入 100 克猪油擦至面粉充分乳化，和成油酥面团。

⑶发酵面团、油酥面团分别出剂，每剂约重 20 克，再用发酵面团剂子包入油酥面团剂子。

⑷将包好的剂子擀扁、擀长，从一端卷起再按成圆皮子。

⑸取圆皮子，包上莲蓉馅心，饧放。

⑹将生坯饧放好以后，入笼用大火蒸制12分钟成熟即可。

（三）叉烧包

广式传统和大众化面点，主要用叉烧、蚝油做馅和调味，故又名蚝油叉烧包。具有面皮雪白，馅心红润，咸甜鲜香的特点。

用料：面粉500克，面种100克，白糖100克，叉烧肉350克，蚝油、盐、味精、香油、碱粉适量。

制法：

⑴将面粉加入酵面发酵粉和清水和成面团，静置发酵。

⑵待面发起后加入白糖、碱水搓匀，揉透。

⑶将叉烧肉切成粒，加入蚝油、白糖、盐、味精搅拌均匀，淋上香油即成叉烧馅。

⑷取饧好的面团搓条出剂，按扁擀成圆皮，包入馅心捏成尖顶形或雀笼状。

⑸上笼旺火蒸12分钟成熟即可。

（四）薄皮鲜虾饺

为广式传统名点，素以形美、色艳、味鲜香享誉羊城内外，相传虾饺始创于20世纪20年代广州河面五凤乡的一家小茶楼。当时，这儿河面常有渔舟叫卖鱼虾，茶楼为了扩大生意，便买些鱼虾，加上猪肉，鲜笋当馅，精心制成虾饺出售，由于其味道鲜美异常，很快便出了名，传到了各大酒楼。如今的虾饺馅料依旧，但皮料已改用澄面制作，而制作的过程更加讲究精细。其外形美观，一般捏成弯梳状，褶纹清晰可见，隔皮可见嫣红的虾肉，味道鲜美，营养丰富，为点中上品。

馅料：鲜虾肉500克，肥猪肉100克，冬笋200克，盐、味精、胡椒粉、麻油、糖适量。

皮料：澄面500克，生粉100克，粟粉25克，猪油20克，水750克。

制法：

⑴澄面、生粉、粟粉拌匀，猪油加入水中烧开后倒入面粉中，将面粉烫熟，揉匀待用。

⑵虾仁加入盐、碱腌制15～20分钟，后用清水冲洗干净，用毛巾吸干水分，冬笋肥肉汆水切丁、拌入虾仁，再加入盐、味精、白糖、胡椒、麻油等调味品拌匀待用。

⑶将面团揉条、出剂，用拍皮刀将每个剂子压成薄皮圆块。

⑷取面皮包上馅心，捏成弯梳形饺坯。

⑸将生坯入笼蒸制4～5分钟成熟即可。

（五）马蹄糕

广式风味点心。我国南方出产一种脆嫩鲜甜的水果——马蹄，马蹄制粉后加糖、清水等搅成粉浆，放入蒸笼用中火蒸熟即成马蹄糕。马蹄糕晶莹剔透，口感爽滑，清凉香甜，是夏季清心润肺的佳品。根据制作工艺不同可分为九层马蹄糕和生磨马蹄糕。

九层马蹄糕：

用料：马蹄粉600克，白糖1200克，鲜奶500克，清水3100克，可可粉80克左右。

制法：

⑴将马蹄粉放入1100克清水浸约20分钟后，加入鲜奶搅拌匀，用筛斗过滤，分成两盆盛着备用。

⑵将剩余的2000克清水加白糖煮沸、滤过，再煮沸，冲入马蹄粉的一盆中，成半生熟糊状。冷却5分钟后，再冲入另一盆稀糊中搅匀。

⑶将搅匀的稀糊再分为两盆，其中一盆放入可可粉浆调制好。

⑷用27厘米的方盆装盛加热，奶色和可可色相间，熟一层后再加一层，每层约3毫米厚，蒸4分钟左右成熟，凉后切成菱形块。

（六）蜂巢荔芋角

蜂巢荔芋角是广式著名风味小吃，系采用广西荔浦县著名特产——荔浦槟榔芋为主要原料精制而成。成品形如橄核。外表起蜂巢状，色泽金黄，质感酥松，芋香浓郁，口味鲜香，既可当小吃，又可作酒，颇值一尝。

用料：去皮荔浦芋头1000克，澄面400克，八宝细粒熟馅400克，凝结猪板油400克，精盐、味精、白糖各适量，炸油3000克（耗油400克）。

制法：

⑴荔芋蒸熟压成茸，加入熟澄面、猪油及调味料拌匀，和成芋角皮料。

⑵芋角皮料出剂15克，包入馅5克，捏成橄榄形。

⑶将芋角生坯入200℃左右油温的油锅中炸至表面起蜂巢，芋角皮酥松金黄即可。

（七）莲蓉马拉糕

广东传统的风味小吃，其特点是：香甜暄软，含有丰富的蛋白质。

用料：发酵面375克，鸡蛋150克，莲蓉100克，白糖110克，猪油25克，碱水、发粉适量。

制法：

⑴将发面放入温箱内，待发起后取出，加入白糖，猪油擦至糖溶化，分几次加入鸡蛋，同时用手不断搅匀，待鸡蛋全部加完后，加入碱水、发粉搅匀待用。

⑵将一半蛋面糊倒入方盒中，入笼蒸熟，稍冷却后将莲蓉铺在糕面上，再倒入另一半蛋面糊，随即入笼蒸熟取出即可。

（八）莲蓉甘露酥

莲蓉甘露酥是广式传统的名点小吃，其特点是色泽金黄，入口油润、松酥，饼呈锥形，有明显裂纹。

用料：面粉500克，白糖275克，猪油、鸡蛋各250克，臭粉3.5克，泡打粉10克，咸蛋黄5个，莲蓉750克。

制法：

⑴面粉中加入泡打粉过筛，开槽，把猪油、臭粉、白糖、鸡蛋150克放入面粉槽内搅匀，拌入面粉，和匀复叠2～3次便成甘露酥皮。

⑵将甘露酥皮、莲茸各分成50份，酥皮包上馅心呈球形，刷上鸡蛋。咸鸡蛋黄每个切成10粒放在圆球顶端，入炉用中火烤熟便成。

（九）米粉

米粉是广式大众化食品之一，是用大米为原料制作而成，以广西桂林米粉和广东炒沙河粉最为著名。米粉根据制作方法及形状的不同，可分为两种：一种呈扁形，形如布匹，在食用前须用刀切成扁条状，故也称为“切粉”，广东称为沙河粉。其制作方法是将大米浸泡涨发后磨制成米浆，把米浆放于方盘里(厚度约 2 毫米)，入笼蒸 2～3 分钟成熟，稍冷却后取出即可。另一种呈长条圆柱形，其制作方法是将大米浸泡涨发磨成米浆，入锅煮至七成熟，揉成粉团。放入特制的米粉榨机中，榨出圆条，入沸水锅中煮熟，再用冷水浸泡，捞出盘成坨即可。

米粉细腻嫩滑，用沸水烫后加入不同的佐料和调味汁，可制成不同风味的米粉，如桂林马肉米粉、锅烧米粉和三鲜汤米粉等。此外，将切粉配以适量肉料、蔬菜放入锅中炒制，可制作炒沙河粉。

(十)荷香糯米鸡

糯米鸡是一种风味独特的大众化小吃。用荷叶作包裹材料，成品具有浓郁的荷香味。其特点是饭粒软润，糯滑细腻，配料多样，滋味鲜美，荷香馥郁。

用料：糯米 1200 克，鸡肉 300 克，鲜虾肉 100 克，熟笋肉 200 克，湿冬菇 50 克，叉烧 50 克，半肥瘦猪肉 200 克，盐、白糖、味精、酱油、胡椒粉、麻油等调味品适量。

制法：

⑴将猪肉、叉烧、湿冬菇、冬笋、鸡肉分别切成指甲片状，鲜虾肉洗净滤干水分。后将以上原料放入锅中炒制成熟并调好味。

⑵糯米用水浸泡，稍涨发后入笼蒸熟，待稍冷却后放入盐、味精及猪油拌匀，成为调味糯米饭。

⑶调味糯米饭分成团，每团包入馅心，用洗净的荷叶包裹成方形，再入笼蒸制约 15 分钟即可食用。

三、苏式点心

(一)黄桥烧饼

黄桥烧饼是古代胡麻饼发展而来的，成品香脆可口，风味颇佳，以江苏泰兴黄桥镇所产最著名。

皮用料：面粉 500 克，面肥 25 克，碱水 3 克，清水 50 克，沸水 180 克，油 50 克。

馅用料：板油 80 克，热火腿 25 克，料酒 2.5 克，白糖 6.5 克，芝麻油 2.5 克，盐、味精少许，花生油适量。

制法：

⑴面粉 400 克放入盆内，加入清水、沸水拌匀，再加入面肥揉透，待其发酵。

⑵板油、火腿切成丁，火腿放入锅内炒制，调入料酒、白糖炒匀，冷却后与板油丁、盐、味精、麻油拌匀制成馅心。

⑶将 100 克面粉加入 50 克猪油搓匀成油酥。

⑷将发好的面加碱水搓匀，兑好碱后揪成 35 克重的剂子，每剂包入 10 克的油酥，再用擀棍擀成长扁形，从一端卷好，将剂子竖直，用手按扁，包入 12 克馅心，用擀棍擀成圆饼形，刷蛋液，撒上芝麻入炉烤至金黄成熟即可。

(二)蟹黄汤包

蟹黄汤包(俗称蟹包)，是江苏镇江传统名点之一，已有 200 多年的历史，以体积小，外形美，皮薄汤多，馅大味鲜的特点驰名全国。由于蟹包皮薄汤多，食时应先在包子下端咬一个小缺口，用嘴慢慢吮吸包子里的汤汁，然后再吃馅心和外皮。如果贸然下口，就容易被包子里滚烫的汤汁烫伤或溅脏衣服。镇江的汤包以宴春酒楼生产的最为出名。

用料：面粉 750 克，猪肉 950 克，面种 350 克，蟹油 250 克，猪皮冻 1500 克，绵白糖 50 克，酱油 100 克，盐、芝麻油、姜葱汁、碱、味精各适量。

制法：

(1)将猪油烧热，放姜末葱段爆香，倒入蟹黄，煸香出油，再加入蟹肉一起熬，调味冷却后即成蟹黄油。

(2)将猪肉剁成茸，加绵白糖，味精、酱油、麻油、胡椒粉拌匀，再放入蟹黄、姜葱汁、皮冻搅拌成馅。

(3)面粉中加入温水、面种，再把碱水化开倒入用力搓匀至表面光滑，搓成长条，摘成 100 个面剂。

(4)将面剂擀成中厚边薄的圆形剂子，包入 25 克馅心，捏成 20～25 道花纹的包子，收口如鲫鱼嘴状，入笼用旺火蒸制 7～8 分钟成熟即可。

(三)藕粉圆子

江苏建湖著名小吃，相传有近两百年历史。开始叫“藕圆”，经过不断改进制作工艺，藕粉圆子日臻完美，成为小吃珍品。其特点是形似鸽蛋，色泽棕红，质地软糯，入口甜爽。

用料：绵白糖 200 克，猪板油 30 克，杏仁 20 克，桃仁 20 克，松子仁 20 克，金桔饼 20 克，熟澄面 20 克，清水 15 克。

制法：

(1)先将杏仁、桃仁、松子仁烤熟，去皮切碎；金桔饼切成小碎丁；猪板油切成小方丁，用糖拌匀拌散，将加工后的果仁放入糖中，再加入熟面粉，清水拌均匀，后放在案台上拍实，用刀切成丁。

(2)将切好的馅心在藕粉中滚沾后，放入开水锅烫一下，马上捞出再滚沾一次，入开水锅再烫一次，如此反复 4～5 次，稍煮即可食用。

(四)蟹壳黄

蟹壳黄是上海传统的茶食点心，这种酥饼，色泽与形状酷似煮熟的蟹壳，故名蟹壳黄。成品黄中透红，口感酥松香甜。20 世纪 20 年代的上海，所有茶楼都有必备的两件点心——蟹壳黄和生煎馒头，一个香酥，一个鲜嫩，深受茶客喜爱。

皮用料：面种 125 克，面粉 500 克，碱适量，猪油 125 克。

馅用料：白糖 250 克，桂花 15 克，熟面粉 25 克，麻仁 100 克，猪油 12.5 克，饴糖少许。

制法：

(1)取面粉 250 克，面种 125 克，加入适量碱水及 100 克温水和成面团，饧发 15 分钟，取面粉 250 克，加入 125 克猪油，擦匀、擦透，和成油酥面团。

(2)将白糖、桂花、猪油 12.5 克，熟面粉放入盆内拌匀备用。

(3)将饧好的面揉光，擀成长方形。把酥面铺上卷起，再擀成长方形薄片，再卷起来，搓成长条，揪成 25 克重的剂子，用手按扁，包入约 10 克重的馅心，再按成圆饼状，抹上用水调稀的饴糖，粘上芝麻入炉烤 10 分钟左右，两面呈金黄色，饼面鼓起如熟蟹状即可出炉。

(五)吴山酥油饼

吴山酥油饼是杭州自宋朝以来闻名的传统小吃，将水油面和油酥面混合迭酥，经油炸而成的塔形多层酥饼。此点心色泽金黄，层酥迭起，上尖下圆，形如山峰。口感香酥松甜，油而不腻，故自古以来享有"吴山第一点"的盛名。

用料：面粉 1250 克，白糖 625 克，蜜饯青梅 125 克，糖桂花 62 克，猪油 300 克。

制法：

⑴面粉 450 克加猪油 220 克揉搓均匀，制成油酥面团，压分成剂子，每剂重 30 克。

⑵面粉 200 克加猪肉 160 克，350 克温水和成面团，并揉搓光滑上劲，制成水油面团。后摘成剂子，剂重 50 克。

⑶用水油剂子包上油酥剂子，再用擀杖擀成带状长方条，后卷起呈圆柱形，把圆柱均分为两段，成为两个酥油饼的坯子。

⑷将坯子有刀纹一面朝上，把坯子擀成圆饼。

⑸将油温升至六成关小火，放入生坯浸炸，制品呈玉白色成熟时起锅，上桌时撒上白糖、糖桂花、蜜饯青梅和少量玫瑰花瓣即成。

(六)重阳栗糕

重阳节食栗糕，是杭州人民的传统习俗，已有几百年历史，宋代吴自牧的《梦粱录》中就有记载。成品外表呈菱形，色泽酱黄，糕质柔糯香甜，有一种特殊的栗香味。

用料：糯米粉 1750 克，粳米粉 750 克，白糖 650 克，鲜栗子 750 克，义乌红糖 100 克。

制法：

⑴将糯米粉 250 克加入红糖拌匀，用网筛筛成松粉。

⑵栗子对半剖开，用旺火煮至七成熟去壳除内膜待用。

⑶将粳米粉和余下的糯米粉一起倒入面盆中，再将白糖用 1400 克水溶化后倒入盆中搅匀呈糊状，移入垫好屉布的蒸屉内摊平蒸约 6 分钟。将松粉用网筛均匀地筛在蒸糕上面，把栗肉整齐地铺在松粉上，再用旺火蒸约 20 分钟，取出凉透后切菱形块即成。

(七)淮安茶馓

江苏淮安传统风味小吃，因茶馓多与早茶同食，故名。茶馓历史悠久，清咸丰五年由淮安人岳文广将家传茶馓改制而成。成品有梳子、扇子、菊花和宝塔等多种造型，馓条细如麻线，色泽金黄，香酥松脆，入口即化，其味略咸带甜，宛如金线绕成，环环相连，在清代就曾是贡品。

用料：精面粉 2.5 千克，精盐 50 克，黑芝麻 75 克，芝麻油 10 千克(实耗 1.5 千克)。

制法：

⑴面粉放入黑芝麻和精盐，加水拌匀揉成面团，再反复揉搓三次，饧面约 30 分钟。将面团搓成圆棍形长条盘入缸内，放置 1 小时后取出搓成手指粗形盘入另一缸内，再放置 1 小时取出搓成毛笔杆粗形，又盘入缸内静置 1 小时。这三次搓条工序为开条、搓条、盘条，每一次在盘条时都刷一层油。

⑵芝麻油烧热，将缸内盘条捏起一条面头绕在手上(梳子形约绕 60 圈)。用手绷开约 7 寸长，另一人执根长筷插入绕好的条中再绷开约 1 尺长，下油锅炸并立即用筷子将条摆动，定型后抽出筷子，待炸至金黄色时即成。

（八）常州大麻糕

常州大麻糕是江苏传统地方名点，始于清道光年间，由当时长乐茶庄王长生创制，距今已有100多年的历史。成品色泽金黄、香脆松软甜鲜，皮薄酥重，层次分明，为麻糕之上品。

用料：（以50块计）精面粉4.15千克，酵种600克，白芝麻500克，食碱25克，饴糖100克，精盐50克，绵白糖625克，葱末250克，猪板油500克，熟猪油1.75千克。

制法：

⑴将面粉3.5千克拌匀熟猪油，揉搓匀成油酥，另将面粉650克和酵种和成面团，发酵后兑碱。

⑵猪板油撕去膜衣剁成茸，加入精盐匀。

⑶发面搓成长条，出剂50个，按扁成圆皮，包入油酥105克，收口捏拢后略按扁，擀成长扁形，自外朝里卷起，再略按扁包馅。甜麻糕每个包入绵白糖25克，咸麻糕每个包入咸板油馅20克，葱末10克，收口捏拢再略按，擀成1厘米厚、17厘米长、中腰宽12厘米的腰状糕坯。沸水调饴糖涂刷在糕坯表面，再逐块粘满芝麻，清水抹糕底，贴入烧热炉中烘烤成热。

（九）苏式船点

苏式船点始创于明末清初，当时采用米面捏成各种动植物形象，在苏扬一带游船上作为点心供应，因面得名。船点精巧玲珑，既可品尝，又可观赏。口味甜咸均有，甜馅通常是玫瑰、豆沙、糖油、枣泥等，咸馅有火腿、鸡肉、葱油等。一般动物品种用咸馅，植物品种用甜馅，其形状有果蔬、花卉、飞禽、走兽、鱼虫等。基本工艺是将糯米粉、粳米粉以3∶7混合，用沸水烫熟，再取1/3蒸熟，与熟米粉混合在一起揉透，根据要制作的动植物色彩着上色，包上甜馅或咸馅，制作成各式动植物形状，上蒸笼蒸熟即可。

苏式船点色泽艳丽，造型美观、形象逼真，《吴中食谱》记曰："苏州船菜，驰名遐迩。妙在各有其味，而尤以点心为最佳。"

（十）猪油百果松糕

百果松糕是苏式传统食品。历史悠久，清代已有记载。糕面色泽鲜艳，松软香甜，糯而不粘，有一种独特的果香味。

用料：糯米粉550克，粳米粉350克，细豆沙300克，糖板油丁250克，蜜枣80克，核桃仁30克，瓜子仁20克，糖莲子40克，干玫瑰花3克，芝麻油10克，白糖500克，赤豆100克。

制法：

⑴糯米粉、粳米粉掺和拌匀，放白糖500克、水50克拌透，静置1小时，用14眼筛子筛成松散的糖糕粉。

⑵赤豆煮熟透倒出沥干；蜜枣去核，切成两半；糖莲子掰开；核桃切小块。

⑶取4/5糖糕粉与赤豆拌和作糕身用，将笼屉内刷一层芝麻油，把糖糕粉分两次倒入，先铺满2/5，取细豆沙分成团摆放糕粉上，然后铺入另一半糖糕粉刮平，再在糕面上薄薄铺上一层白糖糕粉做面，并将蜜枣、核桃、瓜子仁、糖莲子均匀相间地布放在糕面上。

⑷将笼屉放在旺火沸水上蒸，待糕呈紫色时，再加上糖板油丁，撒上干玫瑰花，蒸后取出即成。

复习思考题

一、选择题

1.中式面点三大风味流派是(　)。

A.京式面点　B.川式面点　C.广式面点　D.苏式面点

2.(　)面点已发展成商品生产，长安出现专业作坊和饼师

A.汉代　B 唐代　C.春秋战国时期　D.明清时期

3.我国人民有食(　)纪念伟大的爱国诗人屈原的习俗。

A.月饼　B.粽子　C.元宵　D.馒头

4.豌豆黄属于哪一类制品(　)?

A.米类制品　B.麦类制品　C.澄粉制品　D.杂粮豆薯制品

5.下列何种品种属于层酥制品(　)

A.杏仁酥　B.桃酥　C.盒子酥　D.甘露酥

6.属于苏式面点代表品种的是(　)

A.蚝油叉烧包　B.三丁包　C.蟹黄汤包　D.生煎包

7.传统的广式点心以(　)居多。

A.米制品　B.发酵制品　C.油酥制品　D.蛋面制品

8.(　)我国就能利用发酵技术。

A.唐代　B.汉代　C.近代　D.宋代

二、简答题

1.什么是面点？面点的发展有哪几个阶段？

2.面点分类方法有哪些？

3.面点按原料分类法可分为哪些种类？每一类各有哪些品种？

4.举例说明中式面点有哪些基本特点？

5.中式面点三大风味流派基本特点是什么？

6.京式、广式和苏式面点各有哪些代表品种？它们的来历、基本工艺和特点如何？

三、案例分析

实习操作课“肉馅包子”的制作

中西式点心专业进入实习操作，同学们操作的品种是“肉馅包子”，用发酵面制作。熟制后，一些同学的成品颜色发黄，碱味涩嘴，而另一些同学成品色暗味酸。试分析质量原因。

评析：

兑碱工艺不过关

发酵面团兑碱是一项技术性很强的工艺，正确掌握兑碱量是酵面兑碱的关键。兑碱时要考虑酵面发酵程度、季节天气、碱水浓度、馅心等因素。行业中通常采用感官鉴定来验碱，一嗅(酵面有酸味则碱小；酵面有碱味则碱大；酒香味，无酸碱味为中和正常)二看(切开面团，酵面内部孔大，分布不均匀则碱小；酵面内部孔小则碱大；面内部孔中等大，

且分布均匀为中和正常）、三听（有手拍面，有“叭叭”声则碱大；有“扑扑”声则碱小；有“嘭嘭”声为中和正常）、四尝（有酸味，粘牙则碱小；有碱味，且发涩则碱大；有香味，咀嚼后有甜味为中和正常）、五揉（松软，粘手，发虚，没劲则碱小；筋力大，顶手则碱大；软硬适当，不粘手，有筋力为中和正常）、六抓（面团软而无力、不易断则碱小；劲大易断则碱大；有劲、有弹性、伸缩力较强为中和正常）、七熟制（色暗、味酸则碱小；色黄、碱味涩嘴则碱大；色白、味香为中和正常）。

第九章　筵席知识

【学习目标】

熟悉筵席的意义与作用；

了解筵席的形成与发展；

了解筵席的种类与特点；

掌握筵席的结构、配制和制作；

熟悉部分筵席菜单实例。

【内容提要】

◇筵席的意义与作用。

◇筵席的形成与发展。

◇筵席的种类与特点。

◇筵席的结构、配制和制作。

◇筵席菜单实例。

◇案例分析：一场婚宴的风波。

第一节　筵席的意义与作用

一、筵席的意义

筵席，又称筵宴、宴会、筵席、酒会、酒宴，是供人们为了一定的社交目的而聚食的、具有一定规格和质量的一整套菜点。筵席是人们为了达到一定的社会交往目的，以餐饮为媒介开展社交活动的重要方式。筵席不同于普通的便餐，其菜点具有一定的规格，其饮食方式必须注重形式和礼仪，具有较高的文化性。

二、筵席的作用

（一）满足人们社交活动的需要

筵席是社会发展进步的产物，是中国饮食文化的综合反映。不论从它的历史发展或现代实际情况看，筵席不仅能为人们提供美味佳肴，而且是人与人、国家与国家开展社交活动的一个重要工具。它能促进相互交流，增进友谊，互通信息，增进了解与信任。在这些交往活动中，筵席起到了纽带与催化作用。

（二）繁荣市场，增加效益

饮食业属第三产业，为生产和生活服务，在国民经济中占有重要地位。筵席作为名菜、名点的汇展，其数量和质量直接关系到饮食市场的繁荣与否，并且还将影响到企业效益。

(三)改善人民生活，促进文明建设

筵席呈现的是色、形、香、味、质、养为一体的精美食品，菜点组合配套，花色品种丰富，改善和提高了人民生活。精美的菜点满足了人们的物质要求，使精神上得到享受，促进了文明建设。

(四)促进烹饪的全面发展

筵席从形式到内容来讲，每一个环节都凝结着广大烹饪技术工作者的辛勤汗水。一桌筵席体现着广大厨师的辛勤硕果，代表中国烹饪博大精深的艺术内涵。同时，筵席又是酒楼餐馆经营的“拳头”产品，是显示经营面貌和水准、反映厨师厨艺高低的主要标志。努力研制出款式新颖，营养丰富，符合人们身体健康，价廉物美，规格多样，适应现代化需要的新筵席，以期促进烹饪的全面发展。

第二节　筵席的形成与发展

一、中国筵席的起源和形成

筵席起源于我们先祖的祭祖活动，大约产生于4000年前的新石器时代。

原始社会生产力低下，先民对许多自然和社会现象无法理解，从而产生了天神旨意、祖宗魂灵等原始信仰和各种祭祖活动。有祭就要有祭品，用于表达心意。于是，各种饮食祭品和陈放饮食祭品的礼器应运而生。先秦时期，羊被认为是吉祥物而受到普遍喜爱。最隆重的祭品是牛、羊、猪三牲组成的“太牢”，其次为羊、猪组成的“少牢”，这是王室祭奠天神或祖宗的。每逢大祀，还要击鼓奏乐，诵诗跳舞，宾朋云集，礼仪隆重。若是国祭，君王在祭祖后将祭品分赐给大臣。家祭，族长在祭后也将祭品与前来的亲朋好友们共享。于是，祭品就成了菜肴，礼器也成了餐具。这种众人聚餐的场面和情形，不仅为后来筵席的发展奠定了基础，而且在礼仪和心理方面，与后来人们对筵席的观念认识也产生了深远的影响。

在商周时期没有桌椅，进餐时大家都是跪坐而食，但人们感到这样的饮食起居方式极为不方便，特别是宴饮时，更不利于清洁卫生的改善。于是人们把竹草编织的席子铺在地上供人就座，在席子上铺设盛放酒食菜肴的器具，酒食菜肴自然置于筵席之间。据《周礼》记载：“设筵之法，先设者皆言筵，后加者曰席。”孙治让《周礼正义》说：“筵长席短，筵铺陈于下，席在上，为人的生茇。”由此可知，“筵席”二字最开始是“坐垫”的总称，筵指铺设在地上的席子，而席则指铺设在席子上盛放酒食菜肴的器具。随着社会的发展进步，为了宴饮而铺设筵席逐渐成了宴饮时所必需。同时由于祭祖或宴会必须陈设酒器相饮酒，用酒代礼，因此，“宴会”后来也称为“酒席”“酒筵”。战国、秦汉之间礼制的《礼记

·乐记》曾有这样的记载："铺筵席、陈尊俎、列笾豆，以升降为礼者，礼之末节也。"正是把筵席、盛器、酒馔、礼仪四者结合起来的宴会的写照。"筵席"二字后来就转化成酒食菜肴的代称，最后专指筵席、筵宴、宴会、酒席。

二、中国筵席的发展

(一)西周时期

到了周代，由于生产力的发展，食物资源进一步丰富，周王室和诸侯国群除了继承殷商以来的祭祖宴饮外，并把宴会发展到国家政事及生活的各个方面，朝会、朝聘、游猎、出兵等都要举行宴会，甚至民间招待亲朋好友也举行宴会。宴会的名称也日益增多，这一时期各种宴会都要按照制度举行礼仪，所以各种宴会也通称"为礼"，如《规礼》《聘礼》《燕礼》《大射礼》《乡饮酒礼》等，在这些不同的"礼"中，对宴会的仪式和内容都做了详细的规定。如举行一次《乡饮酒礼》，在《仪礼》中规定的节仪，从"谋宾戎宾""陈没""送客""迎宾""拜至"到最后拜赐、拜宴、息司等共有 24 节。如此烦琐的节仪，非一整天不能完成，这说明了周代宴会规格要比殷商时代更前进一步

(二)春秋时期

根据《春秋》经传的记载，诸侯各国的朝聘宴饮确是有严格的礼的规定。甚至在宴饮中的简答辞令、赋诗言志都有一定的准则。如果失言失态失坐都认为是辱君命、有失身份的事。所以参加宴饮或宴会的人都必须知礼节。这种习惯一直为长期的封建社会相沿下来，自然随着时代的变化，从形式和内容上也是不断发展变化的。

西周至春秋、战国宴会筵席的菜肴及饮食品种，自然也是根据礼的不同，而作了不同的规定。据史书记载，当时的奴隶主贵族们宴饮，常是"累茵而坐，列鼎而食"，"食前方丈，罗致珍馐，陈馈八簋，味列九鼎"。这说明鼎的多少是象征筵宴的等级和丰盛的标志。

(三)秦汉至清代

秦汉魏晋时期，由于社会进化、生产力的进一步发展，以及烹饪原料的扩大，烹饪技艺和人们的饮食水准有了明显提高，君王、高官的筵席十分奢华，并流行以筵宴的形式以文会友、网罗人才的风气，筵席的风格讲究雅境、雅食、雅趣。

到了唐代，由于国力强盛，经济飞跃，科学进步，文化发达，筵席的规格和水平也处在历史的高峰期。这一时期的筵席，不仅有了铺帷、垫的桌椅和精美的陶瓷餐具，还讲究礼食的风雅情韵。特点是皇帝、大臣和著名文人所举办的筵席，配合游春、瞻景、观灯、泛舟、赏花以及填词作赋、游戏杂耍、仕途升迁等形式，达到物质和精神的双重享受。

宋金时期，北宋汴梁出现了"清明上河图"式的繁荣的饮食市场，酒楼饭店包办筵席之风甚炽，而且出现了以银质餐具盛装菜肴；出现了管理民间宴会的"四司六局"，即帐设司、茶酒司、厨司、台盘司和果子局、蜜煎局、菜蔬局、油烛局、香药局、排办局。这说明，宋代的筵席之风广播社会，繁荣得必须设立专门机构加以管理。

元代，盛行全羊大宴、烤肉宴，祭筵颇为盛行。在南方，筵席虽仍注重海、河鲜品和时令青蔬，但受到国势的影响，也掺入了牛羊肉和奶制品的菜肴。

明代，筵席的规格和礼仪已经与现代相近，鼓形的瓷制坐具、八仙桌、太师椅已成供宴

常物，八人或十人一席的格局成了定规，台布椅套讲究描龙绣凤，宾主赴宴时有对号入座的“席图”。

清代，筵席的水平达到历史上的最高峰，宫廷御宴方面，有千叟宴、除夕家宴、宗室宴、廷臣宴、宗亲宴等。如乾隆皇帝举办的千叟宴和慈禧六十大寿时举办的寿宴，是世界筵席史上规模最为盛大的筵席。在官府方面，产生了满汉全席和谭家菜筵席，前者的影响颇为深远，各地现代筵席中菜点的组合编列以及格局、摆台、陈设等，都从传统的满汉全席中吸取了滋养。在民间方面，不仅出现了全羊席这类典雅、豪华的大宴，也出现了像全虎席、全凤席（全鸡席）、全龙席（鱼虾席）、全牛席、全素席、全鸭席等不同原料和风味的筵席。这些筵席，都为现代筵席的发展奠定了基础。

（四）近代

随着社会经济文化的发展，中国当代筵席进入全面发展时期。筵席的观念发生根本变化。突出了聚餐式、规格化、社会性三大特征。人们对筵席的营养、卫生和审美的要求日益提高。不同民族、不同地区、不同社会阶层的各式各样宴会筵席日益丰富，说明人们对饮食美的要求已经不限于美食家个人品尝的角度，不限于对食品本身的质美、感觉美和意美，筵席饮食美越来越多地反映当代人们的心理因素和社会文化特点。此外，食品工业的迅速发展，中西饮食文化的交流，调味手段的不断丰富，为当代筵席注入新的活力。

中国筵席是科学、是文化、是艺术。中国筵席已构成多层次、多方位、多品类、以味为核心，以养为目的的风味艺术体系。随着国家的发展，人民生活水平的提高，饮食已由温饱型逐渐向营养型过渡。烹饪事业发展迅速，饮食市场异常活跃，中国筵席步入了一个光辉灿烂的新阶段。

第三节　筵席的种类与特点

一、筵席的种类

筵席的分类方法很多，受社会传统的历史、地域、习俗、宗教、民族等多种因素的影响，形成了今天筵席的多种形式。目前，常见的分类方法有以下几种：

1.按社交的层次分类

这类筵席具体有国宴、官宴、家宴等。

国宴，由国家元首或政府首脑主持，接待对象也是外国元首、政府首脑或在国家重大庆典活动时举行，通常要发表正式的祝酒词。国宴是我国传统筵席的最高形式，菜肴质量优良、环境优雅、气氛庄严、礼仪隆重是其最大特点。官宴由国家机关、地方政府、企事业单位等社会团体举办，是社会交往的最佳方式之一，以饮食为主。家宴是在家中或以个人名义举行的宴会形式，家宴气氛轻松愉快、亲情味浓，具有独特的社交魅力。

2.按头菜的主料分类

筵席的头菜即为筵席的主菜，要求选料名贵、烹制精美，能起到统领全席的作用。按头菜的名称分类，主要是在原料的质地上体现出筵席档次的高低，是餐饮行业常用的分类方法。如燕窝席、鱼翅席、海参席等。

3.按季节时令分类

这类筵席根据时令季节的特点，运用时令的鲜活原料，如春、夏、秋、冬筵席。此外，中国传统的节令很多，根据这些节令设计的筵席也突出了时令特点。如在中秋宴中，往往要吃螃蟹、月饼；端午宴要吃鸭子和粽子，除夕宴中要吃饺子、鱼、年糕等。这类筵席对人们有着很强的吸引力。

4.按筵席原料构成成分分类

这类席面上的肴馔都用同一种主料，不同的仅是配料、调料和烹调方法，工艺难度很大。如全羊席、全鱼席、全虎席、全凤席、全龙席等。

5.按筵席置办的目的分类

这类筵席有婚宴、庆宴、寿宴等。这类筵席在菜单的编排中注重菜名的吉祥和菜品美化，突出筵席的主题，从感观上和心理上取悦宾客，如婚宴的“龙凤呈祥”、寿宴中的“寿比南山”“松鹤延年”等。

筵席的分类方法还有很多，但最终目的是体现出筵席的一些基本特征，便于就餐者合理选择。

二、中国古代名筵

(一)周代八珍席

这是已发现的我国最早的一张完整筵席菜单，也是后世八珍席的前身。这份菜单由六菜二饭组成，是专供周天子食用的，反映了 3000 年前黄河流域的饮膳风貌，后人往往用“八珍”来指代最好的美馔佳肴。

(二)烧尾宴

这是唐中宗时尚书左仆射韦巨源拜官之后，向天子进献的一桌筵席。宴名源于鲤鱼跳龙门的神话，比喻官运亨通，飞黄腾达。现存的食单保留 58 种菜点的名称及简要说明，从中可以窥见唐代大宴的风貌。烹调原料数十种，水陆八珍，应有尽有;菜品种类荤素兼备，南北并陈，其面点颇有特色，文采缤纷，是盛唐饮食文化的反映。

(三)宋皇寿筵

十月十二日是宋皇寿诞。清早，皇亲国戚、文武百官和外邦使节进宫祝寿，礼仪隆重。寿筵开始，教坊司乐人奏乐，仿效百鸟鸣声，宾主依次入席。观察使以上官员和大辽、西夏使臣坐集殿上，其他臣僚分坐两廊。红木桌围青色桌布，配黑漆坐凳。每客面前置放环饼、油饼、枣塔、果子及味碟，3～5 人共一桶美酒。大辽使臣特别优待，另加各色熟肉。餐具全是金、银、漆、瓷制品，皇帝用玉杯，贵宾用金杯，其他人用银杯。开宴时，钟鼓齐鸣，高奏雅乐，依次饮九杯御酒。饮一次酒，上一次菜，演一种节目，如此循环往复。宴毕，每人管戴宫花，献舞的 400 名女子骑着骏马游街，沿途是观看的人潮。粗略推算，赴宴人数 300 人以上，参加演出的近 2000 人，菜点约 50 道，服务人数难以计数。类似这样的大宴，每年举行多次。

（四）明代乡试典礼大看席

这是一台漂亮的看席，主要供观赏，并烘托乡试大典的热烈气氛，宾客用餐另备华筵。这种看席对后世的摆台艺术也有影响，成为筵宴中的美化手段之一。

（五）清廷千叟宴

这是清廷为有名望的老人举办的庆宴，赴宴的耆老和重臣最多时超过5000人，这种筵席规模大，礼仪繁，富丽堂皇。

（六）清代满汉全席

满汉全席一直被推崇为中国宴席的经典之作。满汉席出现于清代康乾盛世，康熙大帝南巡，驻跸扬州始设满汉席。乾隆皇帝六次南巡，扬州官绅接驾，仍沿承满汉席。从此满汉席声名远扬，各地竞相仿制，列为接待六司钦差、百官食次，其规模体例均源于扬州的满汉席。在康乾满汉席的基础上推出的扬州满汉全席堪称中华第一满汉全席。

扬州满汉全席具有南北兼容的饮食文化底蕴。满席具有北方游牧民族特色，擅长烧烤，以牛羊肉为主，兼收山珍野味，风格质朴。汉席以淮扬风味为主轴线，荟萃江南风味精华，以江鲜、河鲜、海鲜为主，技法多样，风格雅丽，清新多姿。满汉全席在原料选择、烹调方法、工艺技法、菜款设计、器皿选用、进馔程式等方面，上承八珍，下启名宴，集烹饪之大成。《扬州画舫录》《调鼎集》《随园食单》《扬州竹枝词》等，多有满汉席和满汉全席的记载。

扬州满汉全席富丽堂皇，豪华丰盛。全席分两套，每套菜肴108道。有三日六宴、两日四宴、一日两宴、精品宴四种模式。每宴菜肴36款，对应36天。席间“满”与“汉”的菜点交替呈现。在宴席铺陈、餐具设计、艺乐馨幽、像生雕塑、进馔程式等方面突出皇家气派。

（七）乾隆御宴

清乾隆皇帝在位60年间，曾六次南巡，驻跸扬州。乾隆南巡，除政事外，游山玩水，遍尝江南美食。从乾隆御膳档案可以看出，乾隆爱食东北的山珍，特别爱食燕窝、淮扬菜点、苏州点心、锅子菜和素食。他曾说：“蔬食殊可口，胜鹿脯熊掌万万矣！”乾隆御宴讲究荤素搭配，尤精野味烹调，嗜鸡鸭爱火锅，戒牛兔远海味，注重食补食疗，以求养生保健。

（八）鉴真素宴

鉴真和尚为唐代佛教律学高僧，住持扬州大明寺，讲经传律。应日本僧人荣睿、普照、玄朗邀请，鉴真东渡扶桑弘法，历时10年，六次东渡五次失败，历经波涛终成始愿。他将伽蓝营构、艺文、药学传到日本，此皆为盛唐文化之菁兰，推动了日本奈良文化的发展，也带去了盛唐的饮食之道，成为中日文化交流的先驱者。唐代李白、高适、刘长卿、刘禹锡、白居易登临大明寺栖灵塔，留下众多咏唱诗句。宋代欧阳修、苏东坡为扬州太守时，常在大明寺平山堂设诗文酒会，成为文坛佳话。“坐花载月”“风流宛在”“过江诸山到此堂下，太守之宴与众宾欢”等匾额、楹联集中反映其时盛况。因此，大明寺素宴也因此声名远播。“素有荤名，素有荤味，素有荤形”是其主要特色。

三、现代筵席的特点

现代的筵席继承了古代筵席的精华而又有发展，注重菜点内容而虚化礼仪成分，注重菜点规格质量而虚化铺排，陈设，注重社交性、突出饮和食。筵席具有以下几个特点：

(一)筵席是开展社交活动的一个主要工具

人们在一些社会活动中，如欢庆节日、婚丧嫁娶、欢迎宾客、商务洽谈、开展国际之间交往都习惯设宴，以美酒佳肴款待宾客。人们通过筵席的饮食活动，既可获得饮食技艺成品和饮食文化艺术的享受，又可增进人际间的交往。

(二)筵席具有多人聚餐的特点

我国传统筵席一般是采取多人围坐合食、边吃边谈的进餐方式，具有聚餐式的特点。

(三)筵席是具有一定规格和质量的一整套菜点

筵席的菜点必须合理配置，菜点的花色品种要丰富，菜点的口味、形式要多样，各种菜点要按规定的程序依次上桌。因此，筵席具有规格化和程序化的特点。

(四)讲究盛装器皿，注重就餐环境

菜点需要器皿盛装，肴馔之美需要与器皿之美协调一致的配合。古语曰："美食不如美器"，充分说明了器皿在饮食活动中也有举足轻重的地位。器皿除了承担保温、清洁卫生等实用功能外，还具有烘托、补充、装饰、造型、表现、情趣等审美功能。就餐环境对人们的饮食心理影响很大，美景加美食，使人们审美情绪和感受达到更高的层次。

(五)美食与娱乐有机结合

在饮食活动中，人们不仅满足口腹之欲，并且常常以气氛配合加以演染，通过丰富多彩的娱乐活动达到愉快的趣味和高雅的情调，通过舞蹈、音乐、综艺表演，使宴饮者在饮食活动中得到最高的心理追求。

第四节　筵席的结构、配制和制作

一、筵席的结构

我国筵席丰富多彩，款式万千，它不是菜点的简单拼凑，而是按照一定原则、一定比例合理地搭配，通过菜点可以体现出筵席的全部内容，反映烹调技术水平的高低。要设计和制作筵席，首先应了解筵席的结构。筵席一般由冷菜、大菜与热炒、甜菜、点心、酒水、水果等组成。

(一)冷菜

冷菜为筵席的首菜。一般在客人入席后，摆在台面的中央(或者在客人即来之前摆好)。筵席中冷菜的要求应具有造型美观、具有艺术性、色泽鲜艳悦目，清爽开胃，回味隽永的特点。常用的冷菜格式有围碟、花拼、什锦拼盘、单碟冷菜、双拼冷菜、攒盒等。

(二)大菜与热炒

热炒菜一般指成型较小、成菜速度较快的菜肴，一般是四道或六道，多用炸、炒、熘、烹、爆、煎等烹调方法制成。热炒菜要具有形态、颜色各异，浓淡相宜、荤素兼顾的特点。热炒菜一般在冷菜后上，也可穿插在大件中间，起到承上启下的作用。大菜一般指由成型较大(如整只、整块等)，烹调时间较长的菜肴，多用烧、扒、蒸、烤等烹调方法制成。一桌筵席通常有四道或六道大菜，第一道大菜即称为“头菜”，按传统习惯，筵席的名称由此菜确定，头菜如是燕窝，称为燕菜席;头菜如是鱼翅，称为鱼翅席。头菜档次决定着筵席的等级规格，中高档筵席多用山珍海味原料作主料烹制头菜。头菜要引人入胜，起领衔担纲的作用。在筵席中大菜地位必须突出，要求用多种原料、多种烹调方法制成。口味要求多变，质地、形状、色泽要丰富，为筵席的主菜。

(三)甜菜

甜菜为热菜之后或杂于热菜中上席的菜肴。多用蜜汁、拔丝、挂霜等方法制成，也可安排甜羹上席。一般为热菜，也可以是冷的。可一起上，也可分派各客上。筵席中的甜菜要形色俱佳、甜度适口或汤料适宜，并具有调剂口味的特点。

(四)汤菜

汤菜一般在筵席最后上桌，起到清口解腻的作用。通常是上一道汤菜，也有上二道、三道汤菜的，有首汤、二汤、座汤之分。首汤一般用炖、烩、氽等烹调方法制成，座汤一般多用氽、煮等烹调方法制成，汤菜工艺要求较高，口味以清鲜为主，以促进食欲解除油腻。

(五)点心

点心为筵席的主食。点心的品种和数量要根据筵席的内容和规格而定。上点程序可灵活掌握，一般是在筵席接近尾声时上点心，也可在第二道菜和第四道菜、第六道菜之间上点心，又可配汤菜上点心。点心分咸、甜两种，咸点心宜配咸菜上，甜点心宜配甜菜上。

(六)酒水

酒水包括茶水、饮料、酒。茶应在开宴前和结束后上，要精美，茶品种要齐全。酒应根据筵席规格和主宾嗜好确定，白酒、红酒、啤酒兼备，还要准备饮料、果汁等，力求顾客满意。

(七)水果

水果为筵席结束时的食品。多为猕猴桃(奇异果)、木瓜、哈密瓜、草莓、西瓜、杧果等。不宜上整只或带皮、籽、核的。宜精细加工，取其果肉，拼配后上席。高档筵席上还应将水果拼摆出一定形状，谓之水果拼盘。

二、筵席菜单编制的基本要求

菜单的编制是否恰当，不仅涉及经营的信誉和客人的利益，也会关系到价格和利润。菜单的编制是筵席的基础，不仅要求菜点的组合编列完善、合理，还要迎合客人的食用心理和举办筵席的意图，要善于因筵制宜、灵活掌握。一般来说，筵席菜单的编制要注意以下几个方面。

(一)核算成本，因价制宜

设计筵席菜单时，要先核算成本，按筵席的档次标准做好成本预算，做到“质价相称”。

要了解各种原料的价格，并按成本预算的计划，因价采办和准备原料。设计筵席菜单时，要注意冷菜、热菜、点心的品种在整个筵席中的比例关系，以保持筵席中各类菜肴质量的均衡，防止出现冷菜过分好、热菜过分差或相反的现象，使筵席整体效果遭到破坏。一般来说，筵席冷菜约占15%，热炒菜约占30%，大菜与点心约占55%。在实际工作中，可根据具体情况进行局部调整，但是不能有过大的偏差，否则会影响筵席的整体质量。在原料上，应以每人平均能吃到500克的净料为宜。同时也要考虑某些特殊就餐者需要来斟酌配菜。做到是定时间，定席位，定金额，定人数，定分量；知道客人要求，知道客人嗜好，知道客人习惯。这样，在编定菜单时才能心中有数，才能迎合消费者的消费需求。

（二）菜名吉祥、典雅，成双忌单

客人包定筵席，一般都具有其目的性。客人赴宴的心情都是愉快畅悦的，有图吉利、增雅兴、联系感情的目的。因此，编定菜单时，要充分掌握这些特点，首先菜名要吉祥典雅，如是喜庆筵席，菜名要体现喜庆的气氛；如是婚宴，菜名要体现男女的情爱；如是谈生意的筵席，菜名要体现财源旺盛、和气生财的内容；如是会友的筵席，菜名要体现友谊的特点等。菜名要与菜肴的内容协调一致。菜肴的内容要寓意菜肴的名称。另外，菜肴成双忌单，双福、四喜、六合、八发等，尽量迎合客人吉祥如愿的心理。

（三）因筵制宜，调配合理

客人的筵席，有档次高低的分别，但都要本着精料精作、粗料细作的原则，并要因筵制宜，调配合理。一桌高档的筵席，如果有两三款名贵的菜肴，大体可占一席菜肴金额的一半，由于受到金额的限制，其他菜肴的用料就不能是名贵的了，在这种情况下，其他菜肴的原料虽是一般的，也要精工细作、美化装饰，以保持高档筵席风格的一致性。如是一般的筵席，切忌用粗糙的菜式加以搪塞。在这种情况下，原料虽是一般的，但要强调精工细作，样式新颖，保质保量。

（四）统筹烹调方法的分布

筵席中菜肴制作的烹调方法也应该是多种多样的，这样能给客人各种不同的口感，如炸菜，具有酥、脆的特点；如烧菜，具有软黏的特点；如爆菜，具有爽脆的特点等。因此，筵席菜肴在制作中力求烹调方法多样化，使客人得到酥、脆、干香、软、嫩、鲜、爽、滑等不同口感。而且这些烹调方法还应尽量不重复使用，类型相近的要间隔着使用。

（五）颜色和形状多变

一席菜肴不仅要求颜色不同，也要求形状不同。菜肴的颜色绚丽多彩，配色和谐，就能使人产生美的感觉，增加食欲。如一席菜肴的颜色单调，会影响客人的观感，降低客人的就餐欲念。另外，菜肴的形状也要各具特点，有整只、原形的（如鲍鱼、鸡、鱼等），也有片或散碎的，还有剞花刀的，这样可以刺激客人的食欲，引起神经兴奋，吸引注意力。

（六）注重口味的整体配合

筵席菜肴的质量关键，在于口味的调剂，尤其在于整体口味的配合。所谓整体口味的配合，是指筵席中看菜的口味，分别具有咸、酸、辣、甜、鲜等特点。在编定菜单的时候，要注意运用菜肴的不同口味，避免重复。如同是辣味，也分蒜蓉辣、辣椒辣、芥末辣等多种；如是咸味，又分精盐咸、生抽咸、酱豉咸、鱼露咸等。因此，即便是同一味型的菜肴，也应在调味上有所变化。假如一席菜肴中，菜肴之间的口味变化不大，或都是一样的，尽管口味再标准，也会令人生厌。

（七）根据季节的变化设计筵席菜单

在设计筵席时，既要按季节选用时令原料，力争鲜活，丰美可口，还要按季节变化菜品的口味和颜色，鲜醇浓淡，四时各异。冬季，多安排暖色调的菜肴，多配烧、扒、炖菜和火锅、砂锅等；夏季多安排炒、拌、爆等口味清淡、色彩以冷色调为主的菜肴。

（八）组合编列要协调，恰当

筵席菜肴的组合编列是否协调、恰当，是编定菜单的关键。因为菜单编定后，就要按照这个设计去实施。因此，在编定菜单时，除了要掌握荤素兼顾、浓淡相宜、营养搭配的原则外，还要做到相同原料的菜肴要间隔，相同方法制作的菜肴要间隔，相似颜色的菜肴要间隔，相似形状的菜肴要间隔，相似口味的菜肴要间隔。

（九）突出地方特色，提倡绿色、环保，讲究营养均衡

筵席设计要展现地方特色，要发挥本地、本店的技术特长，使宾客耳目一新、流连忘返。在选料上，注意原料的配置和多样化，要提倡使用绿色食品，要严禁使用国家禁止的珍稀原料，要讲究均衡膳食，注意荤素搭配。

三、筵席的准备和制作

筵席菜单的设计、编定后，接下来就是准备和制作筵席了，筵席的准备和制作过程中包括原料采办、备料、干货涨发、切配、初熟处理、菜肴的烹调以及盛器的配置，菜肴的美化、点缀等各个环节。现将有关事项叙述如下：

（一）做好人员分工

根据本部门技术力量的情况，组织好人员分工，每个环节要有专人负责，并要做好每个环节之间的衔接工作，如水台部与砧板部、蒸炖部的衔接，砧板部与后锅部的衔接，蒸炖部与后锅部的衔接，厨师长与打荷、面点部、传菜部和楼面经理的衔接等，使各项工作能有条不紊地快速顺利进行。

（二）加工准备细致，初熟处理妥当

根据筵席的上菜时间，砧板部对原料要做细致的加工、切配和腌制；水台部要适时掌握时间，进行活宰、加工工作；蒸炖部要做好干货涨发、蒸扣的初熟准备工作；后锅部要备全烹调工具，检查火具设备，加工调味品，以及做某些原料的初熟处理和开胃小食、调味碟等。这些工作都宜在筵席上菜时间的前一个小时准备完毕。

（三）预制装饰原料，备好菜品盛器

菜肴的装饰与点缀，如美化菜肴的蔬菜雕刻、插花、围边等，都要构思周密，并提前预制出来。另外，菜品的盛器也要预先备齐，特别是整批筵席或大型宴会，有些美化菜肴的装饰点缀品，都要提前摆在盘中，做到及时上菜。

（四）按序及时出菜，盛装准确迅速

在筵席中，冷菜是首菜，宜提前准备就绪。烹调热菜时，要适时掌握上菜时间和出菜顺序，特别是整批筵席或大型宴会，应该适时提前一段时间烹调，如果等到上菜的传讯时再烹调，时间已经迟了。另外，在有整批筵席和大型宴会的情况下，出菜后要及时盛装，准确迅

速，尽量缩短上菜时间，以保持菜肴的温度和宾客的食用衔接。

四、筵席的上菜程序

在筵席中，菜点的上席都是有一定程序的。一般情况下，要掌握以下原则：

（一）先冷后热

在筵席中，冷菜惯例是菜肴中的首菜，无论何种规格的筵席，概为如此。冷菜上过后才上热菜。

（二）先主后次

指热菜的内容而言。任何筵席，热菜中都有头菜。如燕菜席中，燕窝是头菜，鱼翅席中，鱼翅是头菜。冷菜上过后，首先要上头菜，然后依次再上其他菜肴。

（三）先咸后甜

指上席菜点的顺序而言。在筵席中，凡是菜点，都要本着先咸后甜的原则循序上之。因为先咸后甜，不仅顺应人们的口感习惯，也会促进食欲效果。人们吃过甜食后口腔会影响品味咸食的机能；口腔充满甜味后，也有破坏品尝其他滋味的作用，故甜菜、甜品宜在最后阶段上席。

（四）先荤后素

指菜肴的主次程序而言。在筵席中，尽管要荤素搭配，但也要本着"荤主素补"的原则进行调配。因此，荤菜要"先入为主"，素菜要调配补充。这不仅符合客人的进食意念，也起着调剂客人口味的作用。如果在鲍鱼席中，不先上"红扒极品鲍"，而先上"四宝扒时蔬"，不仅有悖于人们的进食意念，也混淆了筵席的档次特点。

（五）先淡后浓

指顺应客人食欲而言。在筵席中，宜先上口味清淡的菜来调解口腔、增进食欲，如先上口味醇浓的菜肴，口味清淡的菜吃起来就索然无味了。当然，先浓后淡不是绝对的规律，在筵席中也不宜决然地分开。而是要掌握人们进食规律，适当地调解上菜顺序。

（六）先菜后点

指迎合人们的食用规律而言。在筵席中，人们习惯先饮酒食菜，然后再配汤食点，这已成规律。如果先上热菜和点心，后上冷菜和酒类，就不成体统了，有悖于人们的进食规律。如果筵席中有四道点心，可以在筵席接近尾声的时候，配合汤菜上席，也可以适时在筵席的中间过程中分次穿插上席。

（七）先菜后汤

指顺应客人的就餐习惯而言。但在筵席中主菜往往也是带汤的（如燕窝和鱼翅），这种情况除外。一般筵席中都有专门的汤菜，这类汤菜要在热菜全部上席之后，也就是在筵席接近尾声的时候上席，主要是配合人们食用主食。

具体上菜程序是：冷菜→头菜→大菜→热炒菜→甜菜→点心→饭菜→汤菜→水果。中国幅员辽阔，各地饮食习惯不同，上菜程序也有差异。如两广上完冷菜后，通常上的第一道菜是较名贵的汤菜，其后才上大菜和热炒菜。

第五节 筵席菜单实例

一、满汉全席(精选)

席前侍奉 贡品香茗:奶茶、平山贡春
六 茶 点:芸豆卷、秦邮董糖、豌豆黄、窝窝头、淮安茶馓、萨其马
六 干 果:琥珀桃仁、开口银杏、蜜饯青果、杏仁佛手、香酥蚕豆、兴安榛子
四 鲜 果:桂圆、葡萄、李子、蟠桃
食艺欣赏 王母蟠桃、鹤鹿同寿、麒麟献春
冷 八 碟:凤尾大虾、凫卵双黄、玫瑰牛肉、金钱香菇、美味翠瓜、珊瑚雪卷、牡丹酥蜇、水晶肘花
调味小菜:宝塔菜、满族芥菜、香腐乳、卤虾豇豆
珍品海错 金丝官燕、蟹粉排翅、月宫鱼肚、金钱紫鲍
红白烧烤 烤乳猪、鸭丝美卷、富贵双味、菊花鳜鱼
南北山珍 梨片果子狸、黄焖飞龙
满汉热炒 梅花鹿幼、玉带虾仁
山野蔬鲜 鸡枞珍宝、扇面芦笋
满汉细点 乾隆御饼、一口飘香、枇杷酥、翡翠水饺、竹节小馒头、八珍糕
甜　　品 津枣蛤士蟆
时菜花盘 万年常青
席后品茗 乌龙茶
音乐欣赏 春江花月夜

二、潮州风味席

冷拼:潮州龙虾大拼盘(带龙凤鸳鸯卷)
热菜:百花酿海参、鼎湖上素、油爆双脆、碧绿鲜带子
大菜:红烧大鲍翅、太爷鸡、潮州盐水陈皮鸭、银针焗乳鸽、

酥骨鲈鱼球、燕液还球

主食：生炒鸡丝饭、鲜菇烩面、香菇鸡粒饺

水果：水果拼盘

三、粤式风味席

四双拼：火腿拼露笋、潮州冻肉拼腰果酪、美鲍拼肫肝、卤肚拼扎蹄

四热荤：油爆响螺片、干煎明虾球、大地鹌鹑脯、蒜子扣瑶柱

六大菜：蟹黄烧鱼翅、蚝油网鲍片、明炉烤乳猪、鳖肚炖山瑞、文昌鸡、云腿蒸鳜鱼

甜　汤：冰糖炖燕窝

一面点：鸿图伊府面

四美点：莲蓉甘露酥、海南椰丝盏、鸡茸鲜虾饺、鱼茸蒸烧麦

四时果：香蕉、木瓜、荔枝、杨桃

四、迎宾席

彩碟：孔雀开屏

围碟：卤鹅拼白鸡、蜇皮拌肚丝、海米炝西芹、酸辣拌贡菜

热炒：冬笋虾球、爽口牛肉丸、云腿鸽脯、梅花雪耳

大菜：珊瑚鱼线、凤凰肉卷、发财绣球、葵花鸭、鸡丝烩蛇羹、五柳脆皮鱼

点心：香茸马拉糕、美味鲜虾饺

水果：葡萄、西瓜

五、婚庆席

彩碟：喜鹊梅梢

围碟：五彩香肚、桂花莲子、卤水鸡胗、红油蜇皮

热炒：潮州酸肚片、白灼大虾、金玉满堂、翡翠玉带

大菜：鸳鸯子鸡、挂炉烤鸭、梅菜扣肉、清蒸鳜鱼、金钱时蔬、百年好合

点心：鸳鸯馒头、鸭丝稀饭

水果：水果拼盘

复习思考题

一、选择题

1.按照主要用料筵席可分为（　　）。

A.全羊席、海味席、三蒸九扣席等　　B.端午席、六六席、全羊席等

C.全羊席、海味席、山珍宴等　　D.全羊席、海味席、全素席等

2.在普通筵席中大菜与点心约占成本的（　　）。

A.30%　B.45%　C.55%　D.60%

3.筵席的上菜程序为（　　）。

A.先冷后热，先低档后高档，先咸味淡味后甜味浓味

B.先冷后热，先高档后低档，先咸味淡味后甜味浓味

C.先冷后热，先高档后低档，先咸味浓味后甜味淡味

D.先冷后热，先低档后高档，先咸味浓味后甜味淡味

4.在中国古代筵席中比喻官运亨通，飞黄腾达的是（　　）。

A.千叟宴　B.烧尾宴　C.八珍席　D.乡试典礼大看席

5.筵席的种类可根据社交的层次，原料的构成，置办的目的和（　）分类。

A.头菜主料　　B.菜系地域　　C.特色风味　　D.季节时令

二、简答题

1.什么叫筵席？筵席的意义和作用是怎样的？

2.筵席有何特点？筵席的结构是怎样的？

3.筵席的大菜是如何配置的？

4.编制菜单时应注意哪些方面？

5.筵席的上菜顺序有何要求？

三、案例分析

一场婚宴的风波

某日，一酒店接待一单婚宴，气氛喜庆热烈，但开席上菜不久餐厅经理就接到新人投诉，原因是第四道菜就上了“清蒸鲈鱼”，客人大为不满，试分析其中原因。

评析：上菜程序错误。

喜庆婚宴上菜程序非常讲究，头道菜应安排寓意新人百年好合的吉祥菜肴，鱼类菜肴通常在最后一道上席，其含义是年年有余。喜庆婚宴安排“清蒸鲈鱼”本身没有错误，但第四道菜就上很容易给客人造成误解，认为后面没有菜品了，引起不必要的风波。

第十章 西餐知识

【学习目标】

了解西餐常用烹饪原料和工用具；

熟悉西餐常见的菜式和风味；

明确西式菜品和西式糕点的种类及特点；

掌握部分有代表性的西式菜点。

【内容提要】

◇西餐概念，常见菜式：法、俄、德、英、美、意等西方国家菜品基本特点。

◇西餐常用原料和工用具。

◇西式菜品种类：冷菜、沙司、汤、配菜、热菜。

◇西式糕点：面包、蛋糕、清酥、混酥、布丁、泡芙、沙勿来和冷冻甜品。

◇西餐的形式：套餐、自助餐、快餐、点菜、正式宴会、冷餐酒会、鸡尾酒会。

◇案例分析：一次吃牛排的经历。

第一节　西餐概述

西餐是我国对欧美各国菜品和糕点的总称，泛指欧美等西方国家的餐饮文化。与以中国为代表的东方饮食相比，两种饮食存在很大差异。例如，在饮食方法上西餐采用分食制，而中餐采用共食制；西餐的主食为面包，中餐的主食为米饭、馒头；西餐菜肴主要原料以牛肉为主，而中餐菜肴的主要原料以猪肉为主且用料广泛。

一、西餐常见菜式及特点

西餐餐饮文化涵盖的地区较中餐广泛，由于各国饮食特点不同，西餐也是流派纷呈，风格迥异，味道独特，如法国菜的鲜浓香醇、英国菜的清淡爽洁、意大利菜的面食及小牛肉、美国菜的水果风味及创新、俄罗斯菜的肥美味重等，在西餐众多的菜式中，较有代表性的是法、俄、英、美、意等国的菜式。

(一)法国菜的特点

法国菜素以技术精湛著称于世，是西餐菜的代表。突出特点是选料广、精、鲜，常选用稀有名贵原料，如蜗牛、青蛙、鹅肝、椰树心、黑蘑菇等，还选用斑鸠、鸽子、野兔、野鸭、鹿等野味。法国菜讲究生吃，所以选料严格，一定取用鲜活的原料。

法国菜味道清淡可口，色彩偏重原色、素色，配菜装饰格调高雅。调味上讲究两大要素：

一是用酒，不同菜点调不同的酒，规定严格。二是善于使用香料，如迷迭香、欧芹、大蒜头、百里香、茴香等。酒和香料的使用，使法国菜闻之香味浓郁，食之醇厚怡人。

烹调方法多样是法国菜一大特点，它基本上包括西菜所有近20种烹调方法。常用的有煎、烤、烩、焗、铁扒、蒸等。菜点命名，大都以地名、物名、人名来命名，饶有兴趣，使食客留下印象。著名菜肴有鹅肝酱、牡蛎杯、麦西尼鸡、焗蜗牛、马令古鸡、洋葱汤、沙朗牛排、马赛鱼羹。如里昂带血鸭、南特奶油鲮鱼等。

（二）俄罗斯菜特点

俄罗斯菜多方面吸收了欧洲其他国家，尤其是法国菜的长处，并根据自己的生活习惯逐渐形成了独具特色的菜式。主要特点是油大、味重，制作较简单。“俄式小吃”品种繁多，较为著名。口味上，俄罗斯人喜吃酸、辣、甜、咸的菜。特别爱吃烟熏的咸鲟鱼和鲑鱼，腌制过的咸菲鱼。常用原料有红鱼子、黑鱼子、洋葱、柠檬、酸黄瓜、酸菜等。点心类油炸的居多，还喜欢吃用鱼肉、碎肉末、鸡蛋和蔬菜制成的荤素包子。

著名菜肴有莫斯科红菜汤（又名罗宋汤）、黄油鸡卷、鱼子酱、冷鳇鱼、酸黄瓜、红烩牛肉、串烤羊肉、莫斯科式烤鱼等。

（三）英国菜的特点

英国菜口味清淡，油少不腻，善于做各种新鲜蔬菜，调料中少用酒和香料，烹调也较简单，一般以清煮、蒸、烤、烩、炸、铁扒为主。习惯把各种调味品放在桌上，由客人随意选用。

英国人早晨起床前，习惯喝杯浓茶（俗称被窝菜），早餐十分讲究，有“丰盛的早餐”之美称，一般有熏咸肉、烩水果、麦片、咖啡、鸡蛋、橘皮果酱、面包等。中餐较简单，有时只吃些三明治，或者用一汤、一菜、点心和咖啡。下午15点左右，习惯吃一些茶点，如蛋糕、咖啡、红茶、三明治等。晚餐则是英国人每日的主餐，习惯吃烧鸡、烤羊肽（即羊腿）、牛排等，还喜食口味较甜的点心和各式布丁。著名菜肴有蘑菇奶油鸡片、烤火鸡栗子酿馅、牛尾浓汤、焗奶酪蟹盖、烤羊马鞍、苏格兰羊肉麦片粥、土豆烩牛肉、烧鹅等。

（四）德国菜的特点

德国人的食物以经济实惠为主，喜欢喝啤酒，吃香肠。以肉食为主，但多种制法的土豆、咸鲱鱼色拉几乎每餐必吃，也是他们的部分粮食。口味方面，大部分偏爱甜食，一部分人爱吃酸食，有的德国人还爱吃生牛肉拌生鸡蛋。此外，用啤酒制成各式菜肴，如德式啤酒火腿、德式啤酒烩牛肉等，风味特色显著。烹调方法主要有红烧、煎煮、清蒸等。

德国人早餐，一般食用面包、煎鸡蛋、咖啡等，午餐是一天的主餐，主食多为炖或煮的肉类、土豆和沙拉子等，晚饭吃的是夹着香肠和火腿的土司（面包）。著名菜肴有烤鹅苹果酿馅、酸猪脚酸菜、鞑靼牛排（亦称生牛排）、鞑靼沙司等。

（五）意大利菜的特点

意大利是欧洲古国，其烹饪对整个欧洲有很大影响，被誉为“欧洲大陆烹饪之始祖”。意式菜讲究原汁原味，口味浓香，菜肴用番茄酱做调料较多，烹调上以炸、炒、煎、红烩、红焖等方法著称，意大利人对油炸、熏的菜很喜欢。烧烤的菜不多。意大利菜善于运用火候，不同菜火候要求各异，此点与我国烹饪风格相似。

意大利传统菜式甚多，尤其是各种面条花色品种繁多，其中通心粉闻名于世。南部地区更喜欢用面粉做的菜，如意大利肉馅春卷、意大利面片排、意大利发面比萨等。著名菜肴有意大利菜汤、奶酪焗通心粉、蘑菇焗鳟鱼、意大利馄饨、比萨饼、罗马式鸡等。

（六）美国菜的特点

美国菜是在英国菜基础上发展起来的，在烹调上大致和英国菜相似，对铁扒一类的菜很喜爱，常用水果作为菜肴的配料，如菠萝焗火腿、苹果烧鹅鸭、橘子烧野鸭等。烹饪食物时注重营养学的研究。

美国菜口味清淡、咸中带甜，少用辣味，美国烘焙点心，其制作及装饰法闻名于世，而冷饮、冻甜心及色拉也非常著名，美式牛肉扒、美式炸鸡、烩牛肉等也深受欧美人欢迎。著名菜肴有华道夫色拉、马里兰式炸鸡、各式铁扒、T 骨牛排、焗整条酿馅鳜鱼、姜汁橘酱鱼片等。

二、西餐常用原料

西餐原料有肉类、水产类、野味类、家禽类、果蔬类、乳品类、谷类、调味类等，在此仅介绍西餐常用的部分原料。

1.牛肉

牛肉是西餐中主要肉类，按品种分为黄牛肉和水牛肉，黄牛肉品质好且使用最多，按饲养时间和方法不同分成年牛肉和小牛肉两种。小牛肉是未成年牛的肉，喂养以牛奶等精饲养为主，通常小牛长到三个月，体重约重 120 千克的时候宰杀，其肉质细嫩、味美可口。

牛肉类烹制的菜肴以牛排为主，尤其是牛排中的菲力（即牛里脊肉）多为佳品，牛排的主要烹调方法，大都采用铁扒、锅煎和烧烤，也有红焖、红烩的。其他如前腿、后腿、胸脯、牛尾、牛舌等，则以红烩、红焖、清煮为主，边角碎肉是煮汤熬汁的原料。

2.香肠

香肠品种多，主料有猪肉、牛肉、羊肉、鸡肉、兔肉等，其中以猪肉和牛肉使用最普遍，世界上较著名的香肠品种有德式小香肠、米兰色拉香肠、早餐香肠、维也纳牛肉香肠、法国香草色拉香肠等。

香肠在西餐中可制作色拉、三明治、开胃小吃、煮制菜肴，也可做热菜的辅料。

3.火腿

西式火腿以猪后腿、肩部等部位制成，分为无骨火腿和带骨整只两种，比较著名的火腿品种有法国烟熏火腿、苏格兰整只火腿、德国陈制火腿、意大利火腿、苹果火腿等。火腿在西餐中作用非常广泛，既可做主料又可做辅料，也可制作冷盘。

4.咸肉

又称板肉、培根，是西餐烹调中使用广泛的肉制品，有五花咸肉和外脊咸肉两种，在烹调中常用于早餐和多种菜肴的调配料。

5.鳕鱼

西餐中使用广泛的海洋鱼，主要产区是大西洋北部的冷水区域，其肉质细嫩鲜美，常用于煎、炸、煮、铁扒、烟熏等烹调法。

西餐常用海洋鱼品种还有比目鱼、金鱼、沙丁鱼、石斑鱼、鲰鱼、银鱼等品种。

6.鳟鱼

是西方人喜欢食用的淡水鱼品种，世界上的温带国家都有出产，常见的有金鳟、湖鳟、硬头鳟等品种，食用特点是肉味清淡、鲜美，适用于水煮、烤锅煎、油炸等烹调法。

西方常用淡水鱼品种，还有大马哈鱼(三文鱼)、鳜鱼、黑鲈鱼、鲤鱼等。

7.美洲鳗

咸淡水性鱼品种，鱼肉硬实细腻，表皮光滑肥厚，选用于油炸、烤、煮、熏等烹调法。

8.龙虾

龙虾是最大的一种虾类，分布广泛，以欧洲大西洋沿岸所产个体较大，是西餐高档烹饪原料。其形美肉鲜，既可做热菜也可做冷菜，适用于多种烹调法。

此外，螃蟹、海蟹、对虾、扁龙虾也是西餐常用虾蟹类原料。

9.牡蛎

又称“蠔”，分布于热带和温带，以美国产的个体较大。牡蛎肉味鲜美，既可生食也可熟食，还可干制，或做罐头，适宜炒、炸、烩或制汤等烹调方法。

西餐常用贝类原料还有鲍鱼、扇贝、贻贝、蛤蜊等品种。

10.蜗牛

也称“法国田螺”，生活在湿地或河边、海岸边，现已大量人工养殖。蜗牛肉营养丰富、滋味鲜美，是意大利和法国的传统名菜，最常见的烹调方法是焗。

11.鱼子和鱼子酱

鱼子是新鲜鱼子的加工品，浆汁较少，呈颗粒状。鱼子酱是在鱼子基础上加工而成的，呈半流质胶状。鱼子制品有黑鱼子和红鱼子两种，黑鱼子比红鱼子更名贵，鱼子和鱼子酱味咸鲜，并有特殊的腥味，一般做开胃小吃或者冷菜的装饰品。

12.火鸡

又称吐绶鸡、食火鸡，原产于北美，常见品种有黑色火鸡、古铜色火鸡、白色荷兰火鸡。火鸡肌肉发达，肉味鲜美，是西餐主要原料，也是欧美国家“圣诞节”和“感恩节”餐桌上不可缺少的佳肴，最常用的烹调法是烤和酿馅。

13.山鸡

学名雉，又称野鸡，原产于黑海沿岸和亚洲地区，目前世界上大多数国家都有生长，野鸡胸部丰满，肉质较好，是西餐常用野味类原料，适用于烤、焖、烩等。

14.红菜头

又名紫菜头，原产于希腊，可食部位是变形的块根，多呈扁圆锥形，有紫红、殷红、鲜红等色。红菜头常用来做沙拉、汤及配菜使用，并可做烹饪的装饰点缀的原料。

15.辣根

又称马萝卜，原产于南欧，其根皮较厚，为黄白色，肉质为白色，有强烈的辛辣味，辣根主要用于制作辣根少司，佐食冷肉类及冻类菜肴。

16.生菜

学名叶用莴苣，原产于地中海沿岸，现已遍及世界各地，生菜柔软清香，主要用于生食、西餐中常用于制作冷菜，并做各种菜肴的装饰品。

17.番芫荽

又称西芫荽、洋香菜，原产于希腊，现遍及欧洲。番芫荽多用于菜肴点缀，也可用于汤、烩、焖、填馅菜肴的调味料。

18.奶油

是从牛奶中分离出来的脂肪和其他成分的混合物，富含蛋白质和脂肪，是西菜和西点的常用原料。

19.黄油

是从奶油中进一步分离出来的较纯净的脂肪，我国上海一带根据英语的译音习惯称“白脱”，广州、香港一带则习惯叫“牛油”，北方地区则习惯称“黄油”。黄油在西餐中使用非常广泛，是制作各种菜肴不可缺少的调配料，也可抹在面包上直接食用。

20.汁司

又译为“吉司”，广州、香港一带译为“芝士”，也可直译为“奶酪”，是将鲜奶杀菌后，在凝乳酶的作用下使奶中的蛋白质凝固，再将凝块压成一定形状的乳制品，汁司在烹调中使用广泛，常用于调制各种焗菜、冷菜、少司等，也可切片直接食用。

21.西餐调味料

除盐、糖、味精等基本调味料外，西餐常用的较特殊的调料有芥末、辣酱油（喼汁）、咖喱粉、苹果醋、葡萄醋、番茄沙司、柠檬汁、果酱和番茄酱等。

22.西餐常用香料

主要有香叶、茴香子、肉豆蔻、丁香、欧芹、百里香（麝香草）、迷迭香、藏红花、鼠尾草（洋苏叶）、莳萝、茵陈蒿、檀黄、红辣椒面等。

23.西餐烹饪用酒

西餐烹饪常用的酒有麦台酒、麦色拉酒、泡特红葡萄酒、白兰地、雪利酒、白葡萄酒、香槟酒、朗姆酒、利口酒等。

不同的菜中加入不同的酒，是西菜的一个显著特点，如清汤加雪利酒，鱼虾类加白兰地、干白葡萄酒，贝类加白兰地，鸡、鸭、牛肉、猪肉类加雪利酒、麦台酒；野味类加泡特红葡萄酒或麦色拉酒；小牛肉加麦台酒、雪利酒、白兰地或泡特红葡萄酒；烤鸡、焗火腿加香槟酒；甜点和水果点心加朗姆酒或利口酒。

三、西餐常用设备和工具

（一）炉灶设备

主要有西菜灶、烤炉、微波炉、铁扒炉、铁扒煎灶、深油炸灶、面火焗炉、蒸汽炉等设备。

（二）机械设备

有粉碎混合机、面包切片机、打蛋机、土豆切皮机、锯骨机、开面机、立式万能机等。

（三）制冷设备

主要有小型冷藏库、冷藏箱和电冰箱、制冰机、冰激凌机等。

（四）厨房工具

1.厨刀，又称分刀，全钢制成，是西餐切割原料的主要工具。

2.砍刀：用来砍剁带骨或质地坚硬的原料。

3.拍刀：又称拍铁，用于拍砸各种肉类。

4.肉锤：主要用于拍砸质地粗些的肉类。

5.磨刀棒:钢制螺纹棒,用于挫磨各种钢制刀具。

6.煎盘:又称煎铛,用于煎制食品。

7.打蛋器:又称蛋抽,主要用搅打蛋液或其他液态菜肴。

8.肉叉:金钢制成,头部带坚硬叉齿,用于叉取肉类食物。

9.带柄平底锅:常用于焖制菜肴或打少司。

10.土豆夹:有施转式和挤压式,用来把土豆夹成茸状。

11.串钎:用于制作串烧类菜肴。

12.蛋铲:主要用于煎炒蛋类。

13.搅板:也称熘板,用于搅打少司。

14.夹蛋器:夹熟鸡蛋特制工具,可将鸡蛋夹成均匀的薄片。

15.量杯:计量工具,一般大小成套。

16.量匙:调料计量工具,大小配套。

第二节　西式菜品

西式菜品根据进餐时上桌的先后顺序和制作工艺可以分为冷菜、沙司、汤、配菜、热菜五大类。

一、冷菜

(一)冷菜的概念及特点

1.冷菜的概念

冷菜,是指西餐中冷食类菜肴,是用各种原料加工制作后,切拼盛装大盘内。由客人自己选食。冷菜内容包括果盘,腌渍菜,各种批、色拉及各种冷菜。

冷菜是西餐的重要组成部分,在一餐中,冷菜通常作为第一道菜肴,有时也可作为一餐的主食。以冷菜为主的鸡尾酒会、冷餐会,在西餐中也很盛行。所以说冷菜在西餐中占有举足轻重的地位。

2.冷菜的特点

(1)烹调特点:口味比热菜味重,富有刺激性,调味上突出酸、咸、辛辣,能开胃爽口,增强食欲。

(2)刀工特点:切配精细、均匀,布局整齐、荤素搭配适当,色调清新和谐。

(3)装盘特点:装盘造型美观大方,主辅料拼摆合理,用蔬菜刻成花、鸟作装饰,以及根据冷餐具体特点配用适当的盛器,更使菜肴赏心悦目、诱人食欲。

(二)冷菜菜品简介

1.土豆色拉

色拉是英语 saland 的译音,我国上海一带习惯译为“色拉”,北方地区习惯译为“沙拉”,

广州、香港一带译为"沙律"，泛指一切凉拌菜，色拉的具体做法是将各种凉透的熟原料或可以直接入口的生原料加工成较小的形状，再加调味品，或浇上各种冷少司或冷调味汁拌制而成。

土豆色拉是传统色拉品种，将土豆蒸煮熟去皮切小型，配鲜黄瓜、熟鸡蛋白、葱头、酸黄瓜，调色拉油少司、奶油和盐拌制而成。菜肴色淡黄，口感绵软细腻，滋味鲜香并带适口的酸咸味。在土豆色拉的基础上加上各种辅料，可以制成鸡脯色拉、大虾色拉、火腿色拉等。

2.什锦生菜

是以番茄、黄瓜、洋葱、红菜头、青生菜等各种能直接生食的蔬菜为主料，加工成小形状后，用醋沙司拌制而成。具有制作简便、色彩鲜艳、口味酸甜清爽的特点。菜肴营养丰富，维生素含量高，是西餐中常见的生食菜肴。

3.冻鸡卷

冻鸡卷，是用猪肉酱、香料、鸡蛋、鲜奶油调制均匀，再加入熟萝卜丁、开心果仁成馅心，塞入去骨全鸡肉，用锡纸包卷成圆柱形，蒸熟冷却后，切大片浇上明胶冻，装饰后成菜，此菜色泽淡雅透明感强，滋味鲜香软嫩，颇具特色。

4.鸡尾小吃

鸡尾小吃是把各种冷菜放在抹上黄油的面包片上，放些瓜果点缀在中间，插上牙签的一种方便食品，又称牙签小吃。主要用于鸡尾酒会，也可作为宴会前的开胃小吃，鸡尾小吃用料广泛，品种繁多，味型多样。常见的有肉类、禽类、鱼类、海鲜类、肉制品、乳制品、蔬菜瓜果、泡菜等品种。

二、沙司

(一)沙司的概念及特点

1.沙司的概念

沙司，是英文 sauce 的译音，一些地方又称"少司"，是西菜中冷菜、热菜、点心的主要调味汁。按类型分热沙司、冷沙司两大类。按浓度可分为稠、浓、稀、清四种。

2.沙司的特点

(1)沙司品种很多，不同菜点、沙司的调制不同。此外，沙司味型丰富多样，主要有咸、甜、酸、辣等口味，使西菜点具有不同风味特点。

(2)沙司能增加菜点的美观。各式沙司用料不同，使沙司有不同颜色，如红、白、褐、黄等。另外，在调制沙司中使用了油脂，使沙司色泽鲜艳光亮。因此，沙司能美化菜肴。

(3)沙司能保持菜点温度。沙司有一定浓度，裹在菜肴表层，使菜肴内部温度不易散失，同时还可以防止菜肴风干。

(二)沙司菜品简介

1.法国沙司

又名醋沙司，是用橄榄油、白醋、大蒜头、冬葱头，再调以盐、胡椒粉、芥末粉调制而成。法国沙司色淡黄、口味酸辣，主要用于各种素菜(如青生菜、洋葱、刀豆、红菜头、鲜黄瓜、马兰、番茄、豆类或部分肉类，海味类菜)的色拉里。吃时将沙司搅匀，浇在色拉上面。

2.色拉油沙司

色拉油沙司，色黄、味酸滑微辣。此沙司用途较广，冷、热菜类均可食用。它是用鸡蛋黄、白糖、芥末粉和盐以及色拉油放入碗内，用搅蛋器搅打，再加温开水，以及色拉油边加边搅，直至搅打呈糊状即可。

3.奶油沙司

是将鸡汤和牛奶倒入锅内，烧沸后加入油面酱、盐、搅匀过滤，再加入鲜奶油即可。此沙司用途较广，各种白烩菜类都可用;以热吃为宜，也有冷食的。其特点鲜肥浓滑，颜色乳白。如将此沙司加入10%的白色瓶装牛肉汁，即成为至上沙司。

4.布朗沙司

是西餐中常用的沙司之一，是以布朗基础汤，杂蔬菜(洋葱、胡萝卜、芹菜)为主料，配以番茄酱、红酒、雪利酒、黄油炒面、香叶等煮至而成，特点是色泽棕褐、口味香浓。由布朗沙司为基础可以衍变以下沙司种类:烧汁、波都沙司、蜂蜜沙司、马德拉沙司等。

三、汤

(一)西餐汤的概念及特点

1.汤的概念

西餐的汤，是用各种动植物原料或放入面粉、奶油等添加物制作而成。汤类菜肴品种很多，做法讲究，按使用原料和制作方法的不同，可分为清汤、奶油汤、蔬菜汤、浓(泥子)汤和冷汤五个种类。

汤在西餐中占有重要地位，西方人的饮食习惯是在上热菜之前先喝汤，故被称为第一道菜，很受重视。一般每一餐都配有两道汤，一清一浓，由客人自己挑选。中餐大都备清汤、浓汤，晚饭大都用奶油浓汤，清汤作备用。

2.汤的特点

(1)西餐的汤类大都含有丰富的鲜香物质和有机酸，可刺激人的胃液分泌，增加食欲。

(2)西餐的汤类，品种多、口味广，能适合不同季节和不同人的要求。如炎热夏季，人们普遍消费冷汤(各式水果冷汤、冷菜汤)。冬季，天气寒冷，就多制发热量大的汤(肉杂拌汤、红菜汤等)。如果是年迈的老人，牙齿不好可食糊状汤(奶油汤)、泥子汤等。如果是儿童，因其生长期需要大量营养物质而多食牛奶汤，满足了生长需求又容易消化吸收。

(3)西餐汤的名称一般根据所使用的主要原料和配料或汤原产地地名、人名来确定，风趣别致。

(二)汤类菜品简介

1.法式洋葱汤

是法国南部地区的名汤，它是在牛清汤里加入洋葱、卷心菜、胡萝卜、土豆、奶酪等炖出的浓汤，吃时撒上烤香的面包丁。汤色深红，滋味清爽味鲜香。

2.英式牛尾汤

牛尾汤是英国菜中常用的一个菜式，以牛清汤为底汤，用牛尾、米仁、洋葱、红萝卜、白萝卜、土豆、芹菜、香叶等原料烹煮而成，调味中还用油面酱、番茄酱。此汤色泽浅红，牛尾软烂可口，滋味香浓味美，营养丰富，适用于午餐和宴会。

3.莫斯科红菜汤

又名罗宋汤，是俄罗斯具有代表性的名汤。汤色鲜红有光泽，并间有奶油的白色和小茴香的绿色，口感蔬菜软而不烂，滋味浓郁略酸甜，入口肥美、香鲜。此菜是用红菜头、胡萝卜、洋葱、卷心菜、土豆、西红柿、芹菜、蒜头以及熟牛肉、牛肉底汤等多种原料和调味品制作而成。

4.意大利菜场是意大利名汤，用卷心菜、土豆、洋葱、胡萝卜等各色蔬菜，加培根丝（烟熏咸猪肉丝）、黄油、番茄酱、香味等调配料煮至而成，临吃前，再加入司极轧铁面条（意大利面条），煮热即成。此汤色泽彤红，味香浓肥鲜。

四、配菜

（一）配菜的概念及特点

1.配菜的概念

西餐菜肴在主要部分做好后，还要在盘子的边上或另一盘内配上少量加工成熟的蔬菜或米饭、面食等菜品，从而组成一份完整的菜肴。这种与主料相搭配的菜品称为配菜。配菜主要有配合辅助、衬托和点缀的作用，是全部西菜烹调工作中的一道重要工序。

配菜在西菜中主要分为三类：

（1）蔬菜类：品种有胡萝卜、花菜、土豆、芦笋、卷心菜、芹菜、番茄、蘑菇、生菜、青椒、菠菜、茄子等。

（2）米饭类：品种有各种米饭、玉米等。

（3）面条类：品种有各种通心面、贝壳面、蛋黄面。

2. 配菜的特点

（1）配菜补充主菜营养的不足，使主菜配菜营养平衡。

（2）使菜肴色、香、味、形更趋完美。

（3）配菜在使用上有很大随意性，但应注意菜肴风格，色调上要统一、协调。

（二）配菜菜品简介

1.炸土豆条

是西餐中最常见和最常用的配菜。将土豆切条用水煮七成热，再放入热油锅中炸透，吃时，撒上盐、胡椒粉即可。炸土豆片、炸土豆丝制法基本相同（不经水煮工序）。炸土豆条色泽淡黄，香酥松脆。

2.黄油炒菠菜

是常用配菜。具体方法是将菠菜切段后焯水，黄奶（奶油）炒香蒜、葱头，再放入菠菜翻炒、调好口味即成。菠菜色绿清爽、香鲜脆嫩。

3.奶油焗花菜

此菜是将花菜去梗，切小条块，焯水后装盘，奶油少司加汁司粉浇在菜花上，入炉焗上色即好。此菜色彩鲜艳、香鲜脆嫩。

4.黄油煎番茄

是以番茄为主料，将番茄去蒂控空，酿入菠菜、熟肉料和黄油制成的馅心，入煎锅蒸热而成，菜肴色泽红亮，质嫩油滑，口味清鲜微酸。是西餐常用配菜。

五、热菜

（一）热菜的概念及特点

1.热菜的概念

西餐热菜，是指正餐或正式宴会的主要菜肴，是一餐的主食。所谓“西式大菜”就是热菜。

2.热菜的特点

西餐热菜选料广泛，制作方法多样，口味丰富，装盘造型美观。

（二）菜品简介

1.焗蜗牛

是法国的一道著名热菜。将蜗牛与葱头、胡萝卜、芹菜一同煮熟，挑出蜗牛肉与黄油、葱、蒜、杂香草炒香，调好口味后，再将蜗牛肉塞入原壳内、开口处塞上蜗牛黄油入焗炉焗香上色即好。

其特点：菜肴色泽金黄，整齐美观，保持了蜗牛原形，口感鲜嫩，滋味鲜美微咸。

2.沙朗牛排

又译西冷牛排，法式名菜。沙朗牛排是指牛脊骨两旁的肉，也是牛整体上最好的部位，将沙朗牛排斩去脊骨和肋骨，不带任何骨头，用铁扒方法烹制而成。

制作方法：牛排切大块，用盐、胡椒调味后刷生菜油，放入铁扒炉中扒至七八成熟即可。装盘时每客一块，浇上红汁沙司，上面放一块思菊味白塔，盘边配些洋葱土豆和时令蔬菜等。沙朗牛排用明火烤炙，肉香四溢，令人垂涎，是西菜中受到欢迎的一个菜肴，牛排色泽紫红、口味咸鲜香嫩。

客人点食沙朗牛排时，服务人员一定要问清顾客对牛肉扒熟的程度，以便关照厨师按客人要求去做。

3. 烤火鸡栗子酿馅

属英式菜中的一道大菜，也是西方国家圣诞大菜中的主菜。选用约 3 千克重的火鸡，宰杀后用胡椒粉、盐擦抹，将栗子肉、鸡蛋、火腿粒、猪肉糜拌成的馅心酿入鸡腹内，酿鸡放入烤盘烤约 3 小时，切块装盘，配上煎腌肉、炸土豆，浇上原汁沙司，另用斗跟上金巴伦沙司。此菜美观气派、烤鸡色泽黄褐、质地鲜嫩，滋味浓香微咸。

4.基辅鸡卷

基辅鸡卷又称黄油鸡卷，是将净鸡脯肉切长条片形，以黄油作馅心包在鸡脯肉内。滚面粉刷上蛋糊，再拍面包糠，用黄油煎黄炸透，装盘时用炸面包托垫鸡卷，鸡卷骨把上插纸卷花装饰，配上炸土豆丝，炒豌豆等蔬菜即成，基辅鸡卷形态美观，色泽金黄，外脆里嫩，香鲜可口。

5.红烩牛肉

红烩牛肉，是俄罗斯和许多国家人民都爱吃的菜肴，原是匈牙利菜式，取用匈牙利特有的辣椒粉，现在则改加番茄酱，受到不喜欢吃辣味人们的欢迎。

制作方法：是将牛肉煎黄后放入烩锅，加入炒香的配料、香料，调味汁加盖将牛肉料烩煮完全熟烂即可。此菜用鲜番茄和番茄酱作主要调味料、色泽火红、肉熟烂味香、汁浓。西餐中除俄式红烩牛肉外，还有法式红烩牛肉、波罗的式红烩牛肉。

6.烤鹅苹果酿馅

此菜是德国菜肴中的名菜，常用于节日欢庆和宴客。一般选用六七斤重肥鹅，杀后抹上胡椒粉和盐，去皮去核的苹果块和葡萄干塞入鸡腹并封好口，用热烤炉烤熟，装盘时将苹果馅挖出，放在盘边即成，也可将鹅肉切成薄片，摆成整鹅形状。

菜肴特点：烤鹅外皮红润油亮，皮脆肉嫩、鲜香带甜，有特殊的水果香味。

7.蘑菇焗鳟鱼

是意大利代表菜之一，选用 250 克以上的鳟鱼，用盐、胡椒粉内外擦抹，拍上面粉，用黄油煎至两面金黄放入焗盘。蘑菇用黄油炒过，加柠檬汁等调味铺放在鱼面，撒面包粉移入烤炉焗熟即可。

此菜味道鲜美，香气诱人。

8.马里兰式炸鸡

马里兰是美国州名，马里兰式炸鸡有多种式样，可整形，也可呈块状，是将鸡去头脚，分两腿两胸脯，入味后拍粉拖蛋裹面包糠，下热油锅炸至成熟，装盘每客一块鸡，一片煎玉米饼；半个炸香蕉或是炒青豆、炸土豆条等，跟奶油沙司一同上席。

此菜色泽金黄，外香脆而里鲜嫩，适用于宴会。

第三节　西式糕点

西式糕点简称西点。泛指源于欧美各国的点心食品，以英、法、美、意、俄等国的工艺为代表。

西点以鲜奶、奶油、鸡蛋、食糖、面粉为主料，以巧克力、果酱、水果、黄油、干果等为配料，以烤制为主要成熟方法。西点花式品种多、外形美观、色泽鲜艳、香甜软绵。

在西餐中，西点占有重要位置，无论早、中、晚餐，或是便餐、筵席，西点都是必需食品。按制作工艺和成品特点可将西点分为以下若干类：

一、面包、蛋糕

（一）面包和蛋糕的概念及特点

1.面包

面包英文名 Bread，是以面粉、酵母、水、盐为基本原料，将其均匀混合搅拌成面团后，经适当发酵过程和各种制作整形工艺、烘烤（油炸）成熟的一种食品。

面包是西方人的主食，是西餐不可缺少的部分，其松软而富有弹性，具有营养丰富，易于消化、食用方便等特点。

面包制作有如下工序：调制面团→发酵→出剂→滚圆→松弛→整理醒发→烘烤→冷却→包装。

面包花样繁多，按口味分甜、咸两种；按面包本身质感可分软质、硬质、脆质、松质等四类；按成熟方法分烤面包、炸面包两种。

2.蛋糕

蛋糕英文名 Cake，是用蛋、面粉为主料，并添加其他辅助原料制成的一种西点。

蛋糕质地松软或酥散，具有浓郁蛋香味，是西点最常见品种之一，既可作为中、晚餐点心食用，又可作各种宴会的高级点心，还可作茶点供应。

蛋糕的品种很多，但可分海绵蛋糕和油脂蛋糕两大基本类型，它们也是各类蛋糕制作及品种变化的基础。

（二）面包、蛋糕品种简介

1.法式面包

法式面包以皮脆质松带软的特色闻名于世，是脆皮面包的代表品种，所谓“脆皮”即指面包表皮干易被折断。法式面包用高筋面粉、盐、水、酵母调制，制作特点是发酵时间长和配方中水用量大，由于面包含有大量水分和充分发酵时间，因此法式面包面筋充分伸展，体积增大，内部充满空气，形成面包内部组织松软可口。

2.丹麦面包

丹麦面包质松可口，风味绝佳，是松质面包的代表。松质即质地松酥之意，面包内部结构层次分明，在制作方法上也很特殊。将基本原料调制成面团后，要包入大量奶油，经过擀平、相叠、相拼等操作程序，使奶油均匀地分布在面团中，经烘烤后，面包表皮香酥，质地轻软，具有整体性的松化层次感。

3.清蛋糕

英文名 Sponge，因其结构类似于多孔海绵状，故又名海绵蛋糕，国外还称泡沫蛋糕，我国一般称为清蛋糕。此种蛋糕一般不加油脂或仅加少量油脂，它充分利用了蛋的发泡性，与油脂蛋糕和其他西点相比，具有更加突出的、致密的气泡结构，质地松软而富有弹性。

清蛋糕是将鸡蛋和糖放入打蛋容器内，打到发白发松时，将面粉过筛，徐徐地倒入并搅拌均匀，然后倒入烤盘里，入炉烘烤，烤至蛋糕胀发，表面呈金黄色即可，其特点是色泽金黄、香甜松软。

清蛋糕除部分可作点心使用外，还可作中、晚餐的点心食品，但大部分作为加工各种花色蛋糕的主要原料，如在清蛋糕表面裱上奶油，可做成奶油蛋糕，在清蛋糕中夹入水果，可做成水果蛋糕，在清蛋糕表面用奶油裱出不同的图案，可做成生日蛋糕、寿辰蛋糕、圣诞蛋糕等。

4.白脱油蛋糕

简称油蛋糕，英文名 Cake，顾名思义是在配方中加有黄油脂的蛋糕，质地酥散、滋润，带有特别的奶油香味。油脂蛋糕的种类很多，根据配方中添加的原料不同，分为普通黄蛋糕、白蛋糕、巧克力蛋糕、香料蛋糕、水果蛋糕等。

白脱油蛋糕是以面粉、白脱油、鸡蛋、砂糖为主要原料制成的。其基本操作方法是先将白脱油加热软化后，加入砂糖揉搓至发松。鸡蛋分几次加入，边加边揉，直至原料发松为止，然后将面粉拌入，倒入模子中，放入焗炉中焗热透，颜色黄爽即可。其特点是色泽金黄、香肥软糯，适用于茶点。

白脱油蛋糕还可以加入蜜饯、干果等原料，制成多种蛋糕。如核桃白脱油蛋糕、葡萄干白脱油蛋糕等。

二、清酥、混酥

(一)清酥、混酥的概念及特点

1.清酥

英文名 Puff pastry，又称帕夫酥皮，国内称为清酥。是以水油面团(或水调面团)包裹油脂，经反复擀制折叠，形成一层面一层油交替排列的多层结构，再经烘烤成熟的一类西式点心。

清酥成品体轻，层次丰富，酥碎而爽口，风味别具一格，清酥既可单独制成面点，如忌司条、酥盒，又可制成各种坯形，填装各种馅料，制作出多样的清酥点心。

清酥制作一般需经过以下工序：皮面调制→包油酥→擀开、折叠(反复多次)→成形→烘烤→成品。

2.混酥

又名甜酥，英文名 Sweet and short pastry，是以面粉、油脂和糖为主要原料制成面团，只需一次擀平薄后切割成形，再经烘烤成熟的一类西式点心。

混酥操作方法简单，技能难度小，制品具有很好的酥脆性，在国外，混酥点心的主要类型有塔(Tart)、排(Pie)、福兰(Flan)也称攀。

混酥类点心主要通过馅心的不同来变化品种。馅心可以放在酥层表面上，也可作为夹层制成夹心条形式。

(二)清酥、混酥品种简介

1.千层酥筒

是清酥类常见品种，将面粉里加入水、盐、鸡蛋和成面团，并把面团揉搓上劲。黄油放入冰箱冷冻至硬。把面团擀开，包上黄油，再用走锤把包好的面擀开，将擀开的面团折三折，再擀开，重复三四次，全部擀完后，把面皮切成约 2 厘米宽的长条，将长条逐条缠绕在锥形的酥筒模具上，入炉烘烤至金黄起层即可出炉。待冷却后取出模具即成千层酥筒，酥筒可放入不同馅心。如忌口廉 (奶油)、冰激凌、巧克力等，构成不同风味。

特点：酥筒香脆，酥层丰富，馅心柔软香甜。

2.奶油香酥饼

奶油香酥饼是属于混酥类制品。其主要原料是面粉、黄油、白糖粉、蛋及少量碳酸氢铵、香兰素等。先将糖粉、黄油、蛋充分揉匀、乳化，加入面粉及辅料和成面团。(和面时注意避免产生过多的面筋)面团搓条、出剂，将剂子搓圆，放入烤箱中烤至麦黄即可。

特点：色泽黄爽、口感酥松、香甜可口。

3.香蕉攀

攀是一种大型的有馅心的饼状西点。一般可供八人或十人食用。攀有甜、咸两种，甜的作为点心，咸的可作为菜肴。

香蕉攀的用料是面粉、黄油、糖粉、香蕉、鸡蛋及辅助原料。其制作是将糖、奶油、蛋揉匀乳化，加入面粉和成面团，再将面团擀成面皮，同攀盘（西餐用具）一样大小，然后将面皮铺放攀盘内，进炉焗熟取出，即成攀的底盘。将香蕉去皮切成小片加入黄油拌匀，倒在攀盘内。鸡蛋加糖打发后，倒在香蕉面上，再进炉内焗黄即可。冷却后切成十份装盘。

特点：成品黄白色，口感甜糯，有特殊的香蕉味，宜作午餐点心及茶点。

4.小得仔

小得仔是混酥挞类品种，每客一只，用于点心和茶点，外壳大都是用混酥面团。选用各种烩水果、干果、蜜饯、奶油、巧克力、蛋白、糖等作馅心。制作程序是将面粉、黄油、糖粉及蛋和成混酥面团，把面团擀开为一厘米厚面皮，用两寸半的圆口印子扣出小饼，放入小得仔模子内，进炉焗黄制成小得仔底壳。将杏仁放入清蛋糕生坯里拌匀后装入小得仔壳内，再进炉焗制黄透，冷却后裱上奶油即可。

特点：制品黄白色，香脆，有杏仁味，宜作茶点。

三、布丁和泡芙

(一)布丁和泡夫的概念及特点

1.布丁

布丁是英文 Puding 的译音，在广州、香港等地习惯译为“布甸”，布丁也是英国人喜欢的家庭式点心之一，主要原料：黄油、鲜干果、蜜饯、发粉、香精、酒等。成熟方法与油蛋糕基本相同，区别在于布丁是用蒸（焗）的成熟方法。

布丁按用料、制法和成品特点分的种类很多，以制作布丁的原料可分为油布丁和格司布丁两种；按食用时的温度分为热布丁和冻布丁两大类；而油布丁根据添加原料不同又可以分为若干品种，命名方法可根据添加的主料、口味和色泽来命名，如双色布丁、葡萄干布丁、焦糖格子布丁等。

特点：松软甜滑，色泽淡黄，肥而不腻，特别适宜老人、小孩食用。布丁一般用于午、晚餐点心。热布丁常用于寒冷的冬季，冻布丁则用于炙热的夏天。

2. 泡芙

泡芙是英文 Puff 的译音，中文称为气鼓或哈斗，是用油水烫面，鸡蛋搅打成蓬松的面糊，用裱花挤成形，经烘烤成熟的一种点心。由于充分借助鸡蛋的发泡力，制品体积胀发，内部形成较大空洞结构，产品口感松泡、外酥内软，泡夫形态美观，色泽金黄，表皮松脆，但泡夫没有味道，主要依靠馅心来调味。常用的馅心有鲜奶油、巧克力忌林、黄油忌林、香草忌林等。这样会使泡夫具有外脆里糯、绵软香甜、甜香肥滑的特点。

传统泡夫按形态分两类：一类是圆形的，英文名 Puff，另一类是长形的，英文名称 Eclair。随着现代烹饪的发展，泡夫形态有所变化，如用裱花嘴裱成阿拉伯数字 2 的形状等。泡夫在西餐中常作为午、晚餐点心。

(二)布丁、泡夫品种简介

1.黄油布丁

属油布丁中最常用的品种。原料有面粉、牛奶、黄油、鸡白糖、发粉和适量香精。先将黄油、糖搅打蓬松，再缓慢加入面粉、香精、牛奶拌和均匀，倒入模子内，用锡纸或油纸将模子口封住，放进蒸笼蒸熟，装盘一般使用玻璃盆，浇上相应的沙司，用水果和薄荷叶装饰即可。

黄油布丁油糯香软，是最基本的布丁。在此基础上添加原料就可制各式布丁，如在黄油布丁配方里加香蕉泥就成了香蕉布丁，添加苹果则是苹果布丁。

2.格司布丁

是欧美各国较普遍的一种家庭点心，用料鸡蛋十二个、鲜奶 1.5 升，白糖及少许香精。将糖和一半牛奶煮溶化待凉，再加入蛋液和剩余牛奶，充分搅拌均匀，用细网筛过滤，盛装模子内，模子放入有温水的烤盘，(温水使布丁无气孔、质滑嫩可口)移入烤箱焗熟即可。装盘用玻璃盆、布丁顶部裱奶油花，放上红樱桃，用各种烩水果作装饰。

格司布丁制法简单，质嫩滑口，特别适宜老年人和小孩食用。

3.奶油圆泡夫

是泡夫中最常见品种，先调制面糊，装入带有大号齿状裱花嘴的挤注袋中，在抹有油脂的烤盘中(模具)，将面糊挤成圆球或花形、烘烤成熟，凉后，将边缘切开、灌注奶膏、表面撒上糖粉即可。

奶油泡夫表皮松脆里柔软，香甜可口。

四、沙勿来和冷冻甜品

(一)沙勿来和冷冻甜品的概念及特点

1.沙勿来是法文 Souffle 的译音，是一种形似棉花、质地松软的点心，沙勿来主用料有鸡蛋清、面粉(格司粉)、牛奶和糖等。主要调料为各种甜酒、巧克力、水果等。首先将鸡蛋清打起泡，拌匀面粉(格司粉)、放入其他原料拌入，加入相应配料，倒入模具中，再移焗炉内焗至成熟即可。

特点:色泽金黄、软香松甜，主要用于晚餐点心或供宴会点心。

沙勿来是统称，可根据所加原料来变化品种，可制巧克力沙勿来、什锦水果沙勿来、香蕉沙勿来等。沙勿来按温度可分冻、热两种。

2.冷冻甜品

西餐中，有一类经加工处理的冷冻甜品，口味香甜、风味独特，是西方人日常食用的食品，又常作为西餐中最后一道菜的甜食。冷冻甜品品种繁多、制作工艺多样，冷冻甜品按传统分类方法，一般分为吉利冻、水果吉利冻、奶油冻、水果奶油冻、莫司、冰激凌、馅饼甜食等。

(二)沙勿来和冷冻甜品简介

1.蛋黄沙勿来

是常见的一个沙勿来品种，将蛋黄与糖搅匀，蛋清打起泡沫后再与蛋黄混和，加入香酒、香精拌匀(拌和时间要短，用力要轻)倒进焗斗，用焗炉焗至成熟。

特点:成品色泽金黄，松甜香软，最适宜现做现食。

2.蛋黄忌林沙勿来

先制作蛋黄忌林:鸡蛋黄加入砂糖、面粉拌匀。另将牛奶烧沸，冲入蛋黄边煮边搅拌，使之成为均匀的浆糊状物，即成蛋黄忌林。鸡蛋清打起泡沫，加入白糖与冷却后的蛋黄忌林掺和一起，再放香精、酒搅匀，盛装在模子内，推入焗炉焗熟，趁热撒上糖粉即成。

特点:成品色泽金黄，柔软松糯，香甜可口。

3.奶油吉利冻

奶油吉利冻是一种含有很多乳脂和蛋白的混合食品。此款点心色泽奶黄，香滑软嫩，清凉爽口，是奶油冻的代表品种。

制作方法:先将明胶(又称吉利)用水煮化，加入烧沸牛奶中。将鸡蛋黄、白分开，蛋黄与糖放在一起，用力搅拌起松，将牛奶冲入调匀放置凉，见吉利将要结冻时，拌入打起泡的蛋清和打发的奶油，装入模具放进冰箱冷冻即成。装盘时用樱桃和奶油装饰即可。

奶油吉利冻是基本的品种，可在吉利结冻前加入一些果汁和切碎的水果，可增加制品的风味特色和花色品种。

4.巧克力奶油篱笆冻

是用海绵蛋糕或指形松饼、蛋白饼等作模子来盛装奶油冻混合物，用微形饼干围成的模子，其制品取出后，外形酷似篱笆，所以称为“奶油篱笆冻”。

制作方法:取海绵蛋糕(或松饼)做模子。再用指形饼干制作围边，围边的指形饼干品种很多。如指形桃红酥、指形蛋白饼、各种松饼等。将围边料先围在模子内壁一周，即成篱笆外形。此后制作模子内的馅料，即奶油冻的混合料，制好后装入模子内，再进冰箱冷冻约3小时，取出在食品表面上用巧克力制品装饰即成。

特点:食品外形美观，口感清凉香甜。

5.香草冰激凌

冰激凌是一种营养丰富、可口的冷食，在西点中用途广泛，可作午、晚餐点心，也可作茶点，天热时更受人们欢迎。

香草冰激凌是冰激凌中最普通的品种。香草香精使制品产生柔和的美味，口感冷甜清爽。

制作方法:先将吉利用水浸软备用，把蛋黄和砂糖拌匀后加入玉米粉，将牛奶煮沸慢慢冲入蛋黄里，加冲溶化的吉利，然后用文火煮沸，用细筛过滤加入香草香精后拌匀，让其冷却，用制冰激凌机器把冷却的冰激凌少司搅拌并制冷。待其蓬松冷凝时装入容器即可。食用时将冰激凌勺匙舀出并使之成圆球放入玻璃餐具中即可上桌。

特点:鲜味浓郁、冷甜清爽。

在香草冰激凌的基本配料中加入各种食用香精、巧克力、水果、咖啡、甜酒、色素、干果等，便成为各种花色的冰激凌。

6.草莓慕斯

慕斯是西式点心中的一类冷冻甜食，奶油成分很高，十分软滑、细腻，是一种高级西点。慕斯品种很多，有各种果汁慕斯、巧克力慕斯等。慕斯使用的原料通常是奶油、牛奶、糖、蛋黄、蛋白、果汁、香精等。

草莓慕斯是慕斯类点心的一种。

制作方法：先把吉利用水溶化备用，将蛋黄与糖一起打泡发，牛奶煮沸加入，再加入溶化的吉利搅拌均匀，稍冷加入草莓汁、草莓香精等配料。待完全冷却后，把打发的奶油、蛋清加入拌匀，将混合好的原料放入香槟酒杯中，挤上少许奶油饰面。上桌前稍冷冻即可。

第四节　西餐形式

西餐的供应形式较多，主要有套餐、点菜、快餐、自助餐、正式宴会、冷餐酒会、鸡尾酒会等。

一、套餐

根据顾客情况，将冷菜、热菜、汤、甜食按照一定比例成套供餐。法文中也称公司餐，其意指餐厅定时、定菜、定价供应的套餐。套餐是西餐供应最常见的形式，对用餐者很方便，尤其是对菜点不熟悉的客人，可以免去自选菜肴的麻烦，非常方便。这种形式非常适合团体用餐的客人，如各种国际会议、旅游团体以及各种政府代表团，套餐菜单包括早餐、午餐、晚餐菜单。早餐又分为大陆式和英国式。大陆式早餐较简便，一般供应面包、面包卷、新月形面包等，然后就是咖啡、牛奶等饮料，目前此种供餐形式已少见，大都为英式早餐所取代。英式早餐比较丰盛，一般安排果汁或水果、蛋类制品、麦片、玉米片等各类食品，以及烤面包、黄油、果酱、咖啡、可可、牛奶、茶等。午、晚餐一般安排开胃小吃（又称头盘）、汤菜、鱼类菜肴、饭点、咖啡、菜、面包、黄油等。

在制定具体菜单时根据套餐的标准选择、增减菜肴的品种和数量，并可根据客人的喜好安排特色套餐。

二、点菜

点菜是客人根据菜单临时零星点菜，故又称零点，是西餐厅的主要供应形式，最大的特点是灵活、随意性强，较大地方便了客人，尤其适宜零散的客人和在饮食上有特殊要求的客人。

点菜菜单包括早餐菜单、午餐菜单、晚餐菜单，要有冷菜、汤菜、热菜、饭点等各类内容，要有海鲜、肉类、禽类、蔬菜等多种原料的菜肴，消费上高低兼顾，既有名贵菜肴，又有大多数人能接受的菜肴。菜单设计上要突出本餐厅风味特点的特式菜肴，要按类别依次排列，打印清楚，并力求装潢精美。

三、快餐

快餐是指在短时间内提供饮食的供应方式，以前大多只在咖啡厅里供应，21 世纪西餐快餐发展迅速，尤其是以麦当劳、肯德基、意式比萨为代表的快餐更是风靡世界。

快餐特点:其一,服务迅速,能使客人在较短时间得到服务,充分体现快的特点。其二,食品规格统一,质量稳定,如麦当劳快餐店的主要食品汉堡,在全世界90多个国家分店生产的汉堡,无论是大小、重量、颜色、口味及制作工艺都是完全一致的。其三,食用方便,搭配合理,快餐既可在餐厅就餐,也可携带出店食用,为人们加快生活节奏提供方便,此外,快餐除主食外,还搭配有饮料、冰激凌等。其四,价格便宜,适宜于大众消费。

西餐常见的快餐品种有三明治、汉堡、热狗、比萨、意式面条等。

四、自助餐

自助餐是一种由客人自己到主桌餐台上自由选择食品,然后到小餐桌上用餐的自我服务的就餐形式。自助餐适用范围广泛,早、中、晚均可采用,尤其在客源足,工作人员紧张的情况下更为适用,在规格上,自助餐可根据消费水平确定标准的高低,在配置上应包含西餐全套内容,它包括开胃菜(果盘、冷菜、少量热菜)、汤、主菜、糕饼、甜点等。

自助餐要便于客人取餐,餐厅及餐台的设计要考虑客人进餐厅时的流向和取餐流向。餐桌上的食品摆放要有秩序,餐具配备得当。要有充足的菜肴作为后备补充,防止餐桌上某一食品短缺。由于自助餐服务方式所需时间较长,而热菜在保温盆中久放会影响其色、香、味,所以要做到勤更换,少量烹制,及时补充,切忌大量预制。

五、正式宴会

正式宴会是一种比较正规、隆重的西餐宴会形式,一般在晚上举行,所以又称晚宴,根据用餐的标准及客人的身份,可分为一般宴会、中级宴会、高级宴会三个等级。菜肴、点心、酒水按照一定的格式上席,宴会菜点要求制作精细,其配套组合应有高度的科学性、技术性和艺术性,应根据不同级别、不同对象制作相适应的菜肴,以获得宴会的最好效果。

正式宴会的菜点包括冷菜、汤、热菜、点心、水果、饮料等内容。食品内容应品种丰富,口味多样,菜点的比例应准确合理,如主菜与甜点的比例、荤素比例、干湿比例等。宴会主题确定后,应对宴会场所进行必要的装饰布置,餐后的摆设也应符合主题,要整洁、美观、大方。

六、冷餐酒会

冷餐酒会又称“冷酒会”或“冷餐会”。它是一种客人既可以自由取食又可以在轻松愉快的气氛中与较多友人交谈的立式便餐的形式。冷餐会以冷菜为主,热菜为辅,也可不上热菜,冷餐会的饮料、食品要比一般宴会丰盛得多。通常冷餐会不设座位,但根据场地和需要,也可备一些椅子和沙发,客人就餐时,可自由取食菜肴和饮料,客人可以自由走动或站立进餐,也可几个人在一起,到边上小桌旁吃喝交谈。

冷餐会的主要品种有冷菜、色拉、少量热菜、糕饼、甜点等,大部分品种在客人到来以前就已上台布置好,少量的热菜可在开宴后上席,冷餐会的菜肴以大菜为主。冷餐酒会一般在晚上举行,宴会时间较长,有席间致辞,气氛既隆重又活跃。

七、鸡尾酒会

鸡尾酒会是西方传统的以集会交往为目的的宴请形式。常用于社会交际活动，如各种节日，大、小型活动。鸡尾酒会方便、活泼、节省费用和时间，是一种很受欢迎的西餐招待会形式。鸡尾酒会一般不设座位，各种酒和菜点都由服务员用托盘送上，客人可以随意走动，互相交谈不拘形式。鸡尾酒会举办的时间较短，一般不超过 2 小时，中午、下午、晚上均可，一般请柬注明整个活动的延续时间，客人在期间任何时间到达和退席不受拘束。

鸡尾酒会以饮为主，以吃为辅，除饮用各种鸡尾酒外，还备有其他饮料，但一般不用烈性酒，鸡尾酒会习惯上安排 8 至 10 种冷小吃，主要是各种带面包托的牙签小吃，热小吃安排 2 至 4 种，主要是一些煎、炸、烤的菜肴，上菜时也要切成小块，以便用牙签插食。还要安排 4 至 6 种点心，另外还可安排几种干果。

复习思考题

一、选择题

1.法国菜的显著特点是(　　)。

A.清淡爽洁　　B.肥浓味美　　C.鲜浓香醇　　D.原汁原味

2.俄罗斯最著名的汤是(　　)。

A.罗宋汤　　B.洋葱汤　　C.牛尾浓汤　　D.奶油汤

3.牛肉中最嫩的肌肉部位是(　　)。

A.上脑肉　　B.外脊肉　　C.里脊肉　　D.腰窝肉

4.下列原料哪些属于调味品(　)?

A.西芹　　B.迷迭香　　C.红菜头

D.朗姆酒　　E.芥末　　F.计司

5.鸡尾酒会菜单设计主要以(　)为主。

A.菜肴　　B.西点　　C.饮料　　D.小吃

6.西餐以冷菜形式为主的宴会是(　)。

A.鸡尾酒会　　B.冷餐会　　C.正式宴会　　D.自助餐

7.脆皮面包以皮脆质松带软的特色闻名于世，其代表是(　)。

A.丹麦面包　　B.法式面包　　C.俄式面包　　D.美式面包

8.西点中，有一种形似棉花，质地松软的点心是(　)。

A.格司布丁　　B.泡夫　　C.沙勿来　　D.香蕉攀

二、简答题

1.西餐的概念，中餐与西餐有何区别?

2.法国菜、俄罗斯菜、英国菜、德国菜、意大利菜和美国菜有哪些特点?

3.西餐常用特色原料有哪些?

4.西式菜品共分几类? 每一类菜品有何特点和用途?

5.西餐中的热菜有哪些特点？代表品种有哪些？

6.什么是西点？包含那几类品种？

7.清酥与混酥如何区别？各有哪些代表品种？

8.西餐的供应形式有哪些？各有哪些特点？

9.鸡尾酒会是一种什么就餐形式？食物的供应有何要求？

三、案例分析：

一次吃牛排的经历

小王周末到一西餐厅用餐，经侍者推荐，点了餐厅特色菜“沙朗牛排”，食时用刀切开，肉色呈现红色，小王大惑不解，认为牛排没有制熟，要求重制。请问餐厅牛排制作是否存在质量问题？

评析：餐厅牛排制作没有质量问题。

“沙朗牛排”是选用最好的牛肉原料用铁扒炉制作，做好牛排的秘诀是尽快地将牛排外层烧黄，不让牛肉的血液流出。在西餐中，牛排扒至七八成熟为最佳，一些客人还要求五成熟。食时用刀割开，血液流下，肉色殷红，促进食欲。但服务员一定要问清顾客对牛肉扒熟的程度，以便关照厨师按照顾客的要求去做。

参考文献

1.萧帆.中国烹饪辞典[M].北京:中国商业出版社 1996.
2.郭志鹏,任京华,庄永全. 烹饪基础知识[M].北京:中国物资出版社 1998.
3.朱宝鼎,李军东.中式烹调技术[M].大连:东北财经大学出版社 1998.
4.邵建华.粤菜烹调教程[M].沈阳:辽宁科学出版社 1996.
5.周三金.中国名菜精粹[M].长沙:湖南科学出版社 1997.
6.李曦.西餐烹饪概论[M].北京:高等教育出版社 1984.
7.郭亚东.西餐烹调技术[M].北京:高等教育出版社 1996.
8.高富良.菜点酒水知识[M].北京:高等教育出版社 1998.